セドリックパトカー スーパーバイブル

CONTENTS

CEDRIC

撃撮！セドパト24時 取り締まりの「生」現場！

質実剛健、最後の元祖パトカーとして長らく活躍したYPY31セドリック。巻頭では、覆面パトカー、そして白黒パトカーの「交通パトカー」として活躍していたシーンを振り返る！

京都府警／高速隊

名神高速で取り締まりを行う後期型の白セドリック覆面。グリル内に前面警光灯を内蔵。当時はまだ「33」ナンバーだった。2005年頃に退役

京都府警／高速隊

高速隊京都南分駐所に所属していた白セドリック。リアを沈ませフル加速する姿は、まさにセドリックのそれ！　そそり立つTL型アンテナが覆面らしくて◎だ

リアを沈ませフル加速!!

怪しいオーラが超魅力！バレバレなのに大活躍

平成の初め頃まで、交通取り締まり用の覆面パトカーの見分け方はとても単純だった。ざっと注意すべき特徴を挙げると次のような具合である。

- **・セドリックかクラウン**
- **・白や黒、紺などの地味な色**
- **・フェンダーミラー**
- **・88ナンバー**
- **・鉄チンホイール**
- **・ダブルのルームミラー**
- **・助手席の窓枠に補助ミラー**
- **・TL型アンテナ**

交通覆面に210系や220系クラウンが猛威をふるう現在からは考えられない特徴ばかりだが、実際にそうだったのだ。特に、フェンダーミラーと88ナンバー、TL型アンテナの3つぐらいに注意していれば、ほぼ覆面パトカーは判別できていたぐらいである。しかも、こういったクルマからは、怪しいオーラが出ているので、慣れてしまえば、百発百中になったものだ。

しかし、そんなバレバレ覆面パトカーも、当時は全国各地で大活躍していた。しかも、その多くがお決まりの狩り場スポットで。苦い思い出がある人もいるかもしれないが、本項では、YPY31セドリックの第一線時代を振り返る。

▶ 警視庁／交通機動隊

2007年頃に23区内の一般道で活躍していた警視庁の銅色セドリック。オートカバー付きの最終型で、この頃、銅色のセドリックが全国各地で見られた。リアには、TA型とTL型の両方のアンテナ。バンパーには「TOKYO NISSAN」のシール付き

縦断、セドリックの猛威

▲ 神奈川県警／高速隊

2006年頃に高速隊大黒分駐所に所属していた銅色セドリック。写真左は敷地内の駐車場にて違反切符の処理中シーン。オートカバー付きの最終型だった

三重県警／高速隊

2006年頃に高速隊上野分駐所に所属していた銅色セドリック。名阪国道で活躍していた。前面警光灯はグリル内に内蔵タイプで、セドリック覆面には珍しく、リアトレイにパトサインを装着していた。元メーカーは不詳だが、独自に準備したＴＡ型アンテナを装備する

列島銅色

香川県警／高速隊

2005年頃に高速隊坂出分駐所に所属していた銅色セドリック。オートカバー内蔵の最終型だ。高松道で取り締まりを行っていたが、当時は片側１車線区間が多く、SA・PAの出口で違反車を待つという取り締まりシーンをよく見かけた

違反車、ロックオン!!!!

大阪府警／交通機動隊

交機隊大東分駐所に所属していた紺のセドリック。すぐそばの阪奈道路で活躍していた。一般車にまぎれて走行するも、フェンダーミラー＆TL型アンテナで怪しさ満点。多くのドライバーからはバレバレであった

岐阜県警／高速隊

高速道路の本線合流部で違反車を狙う岐阜県警の白セドリック。フェンダーミラー＆助手席ナビミラーで、見る人が見れば、一目で覆面パトカーとわかるスタイルだった

三重県警／高速隊

「88」ナンバーをつける銀セドリック。2000年代の前半まで交通覆面はほぼ8ナンバーであり、見分けるポイントとして語られていた

警視庁／高速隊

取り締まり中の中期型セドリック。首都高にルーレット族が出没するようになった平成初期の頃、週末ともなれば、覆面パトカーや移動オービスによる取り締まりが頻繁に行われていた。当時の警視庁の高速隊には、BMW525i（E34）やベンツ300SE（W126）などの覆面もあった

静岡県警／高速隊

サービスエリアに止まる銀セドリック。休憩中ではなく、違反切符の処理中だ。安全な場所に停車していることから、反転灯など目立つ装備は使用していない。オートカバー、ドアミラーの最終型

大阪府警／交通機動隊

大阪の取り締まり頻発スポットのひとつ、泉北１号線で活躍する白セドリック。「・970」「19-45」の２台とも、のちにナンバー変更されている。リアガラス越しにも車内ミラーの並列配置がよくわかる。セドリック覆面といえば、やはりこれ！

大阪府警／交通機動隊

高槻市近くの171号バイパスもまた覆面パトカーの取り締まり頻発ポイントだ。いずれのセドリックも「300」ナンバーでドアミラーと隠密性はやや増していたが、アンテナはTL型を採用していた。同ポイントでは、高槻警察署のギャランの覆面パトカーも取り締まりを行っていた

2005年頃高速隊四ツ橋分駐所に所属していた紺セドリック。ドアミラー＆TA型アンテナで、セドリックにしては隠密性が高い仕様になっている。この頃から覆面パトカーにTA型アンテナが採用されることが増えていった

埼玉県警／高速隊

高速隊所沢本隊に所属の紺セドリック。上は後期型でドアミラータイプだった。右は、「300」ナンバーでTA型アンテナを装着する。またバンパーには「埼玉日産モーター」のステッカー。車両としては右のほうが新しく、ラジオアンテナがガラスプリントとなった最終型

神奈川県警／高速隊

高速隊厚木分駐所に所属していた中期型セドリック。フロントバンパーの上にオートカバーを装着していた。神奈川県警の覆面パトカーには、このようなオートカバー装着車をほかにも見ることができた。アンテナはTL型のほかに、TA型も装着していた。またリアトレイには、LED灯と箱ティッシュも見える

北海道警／豊平署

札幌市豊平区の羊ケ丘通りで取り締まりを行うセドリックレーダーパトカー。台形のRS-710CDレーダーが目をひく。ルーフには「豊61」の文字があったが、ボロボロになっていた。撮影は2021年６月頃。すでに退役している

北の大地で猛威!! セドリックレーダーPC

違反車に追いつくために、路肩からスタートダッシュをするセドリックパトカー。このリアの沈み込みこそ、まさにセドリックらしい姿。セドリックレーダーパトのスタートダッシュは、かつては北海道各地で見られた光景だった

北海道警／東署

違反車の切符処理をする北海道警東署のセドリックレーダーパトカー。2023年10月までの車検となっており、すでに退役したもよう

北海道警／厚別署

JR上野幌駅のガード近くで違反車を狙う北海道警厚別署のセドリックレーダーパトカー。冬の雪道でもしっかり取り締まるもよう。ルームミラーが2段式というのがよくわかるアングル。すでに退役済み

撃撮！セドパト24時
取り締まりの「生」現場！

北海道警／白石署

歩道奥の駐車スペースで待機し、レーダーで違反車を測定している。本線からは、ギリギリまで近づかないとパトカーが見えない位置に隠れているパターンが多い。違反車を測定すると、Uターンして一気に猛追する。レーダー（日本無線製JMA-5E）は、前後いずれの方向でも測定でき、待機する場所によって、どちらの方向か使い分ける

撃撮！セドパト24時 取り締まりの「生」現場！

警視庁／高速隊

首都高の本線を車線規制するセドリックパトカー。警視庁では、レーダー搭載のセドリックは見ることがなかった。写真はエアロブーメラン＆ドアミラータイプの都費導入バージョンと思われる

大阪府警／高速隊

高速隊貝塚分駐所に所属していたセドリックパトカー。フロントガラス、リアガラスに「高速358」のコールサインをつけていた。いったん阪神高速を降り、Uターンしてまた高速道路の交通違反取り締まりへと向かう

ゼロスタートで違反車を猛追!!

新潟県警／高速隊

高速隊長岡分駐所のセドリックレーダーパトカー、フェンダーミラーの最終型。日本無線製のJMA-5Eを搭載する。リアを沈ませ加速する姿は、セドリックだけの魅力

令和のYPY31セドリック

YPY31 CEDRIC

Part 1

佐賀県警

交通指導課／交通機動隊

全国の警察本部からセドリックパトカーが姿を消す中、九州の佐賀県警にセドリックが3台も残っていた！　隊員らは並々ならぬ愛情をこめて日々熱心に整備を行い、第一線で活躍させていたという。

佐賀県警察本部に集合した同県警のセドリックたち。なんとベストカーの企画のために集まってもらった。平成初期の頃は、パトカーにカメラを向けているだけで職質されることが多々あり、ましてやパトカー取材の許可が下りることなどほぼなかったのだが……

まだ現役でいてほしい！
引退宣言の佐賀県警セド

令和の時代に入り、白黒のセドリックパトカーを運用する都道府県警はめっきり減っていたが、なんと佐賀県警では、2022年（令和4年）時点でも3台ものセドリックパトカーを運用していた。

3台のうち2台は交通機動隊に所属し、残る1台は本部交通指導課の所属だ。実は、この佐賀県警のセドリック、22年6月に佐賀県警公式ツイッター（現X）で「セドリックパトカーが年内で引退する」とツイートされ、またたく間にネット界隈で話題になったのだった。

発表後は県下の各所轄に貸し出して運用を行い、10月頃には元の所属へ返却された。本撮影もその頃に行ったものだ。3台のうち2台は最終型、1台は後期型という内訳で、最古参の車両は1998年導入だったが、その古さを感じさせないコンディションの良さであった。

足回りのホイールが微妙に異なり、鉄チンのままやキャップを付けたもの、純正アルミを履かせたものなど、さまざまなバリエーションが見られるのもファンとしては楽しい。「12月に完全引退」とアナウンスされたものの、当面の間は使えるだけ使うという。3台のうちのどれかに不都合が生じた際は部品取りを行って運用を行いたいとのことであった。

Part 1 YPY31 CEDRIC 令和のYPY31セドリック

フェンダーミラー&鉄ホイール！ この無骨さこそ元祖パトカーの姿

いずれもレーダーパトで、同じ仕様に見えるが、ホイールやアンテナに違いがあり、マニアならその違いを読み解くのが楽しいところだ。撮影中、この珍しい並びに通行人らも足を止めて熱心にシャッターを切っていた

威風堂々たるこの風格がいかにもセドリックらしい。レーダー装置も備わっていることから、より存在感が増している印象だ

1998年（平成10年）導入の古い車両だが、最新車両と同じく「POLICE」ロゴ入りだ。数年前より、外国人にも一目でわかるよう、英語のロゴを配するようになっている

ルーフの対空表示は全車600番台で、交通枠の数字が配されている。アンテナの設置方法に違いが見られるのが興味深い

三者三様のアンテナ。写真右上はホイップアンテナ、右下はユーロ型アンテナ、上は車内アンテナ（リアウィンドウの中央あたりに縦に配置）で、まるで覆面パトカーのよう。レーダー波の送受信に影響のないよう３台ともこのような配置になっている

全体的に良好なコンディションを保っていたが、細かいところに目を凝らすと経年劣化も目立つ。長年警察業務に貢献してきた証拠だ。フェンダーミラーに鉄ホイールというスタイルは、昔ながらの質実剛健なパトカーの王道

神奈川県警 高速隊

全国でも超レアな中期型セドリックがまだ現役で残っていた！　2022年末に秦野警察署から高速隊へ移籍、元祖交通パトカーらしい最後のミッションに従事する。

全国で唯一残る中期セド 令和に歴史を刻み続ける

神奈川県北西部に位置する秦野市の秦野警察署交通課で活躍していた中期型セドリック。その車歴は2023年（令和5年）で、29年という長寿車だ。

この車両は1994年（平成6年）に県費で導入された。長らく本部の交通部門などで活躍後、2014年（平成26年）に秦野警察署に移籍、地元のお祭りなどの祭礼警備や交通取り締まり等を行っていた。

そして2022年11月頃に、秦野警察署から高速隊に移籍している。MT車の訓練用として必要だったためという。また、秦野署でもセドリックのような収納力に限りのある車種よりも、祭礼警備などの際に資器材輸送に便利な車種のほうがいいということで、移籍先の車両とトレードを行ったとのことだ。移籍後は警察署時代とは違って日々ハードな使われ方をしているという。運が良ければその勇姿を拝めるかもしれない。

なお、車歴は古いが、ボディ側面には「POLICE」のロゴが入れられている。神奈川県警では2010年に開催されたAPEC横浜首脳会議に合わせて、県警が保有する白黒パトカーにロゴが順次入れられたという。退役が近いパトカーだが、第一線で活躍していた頃を思い起こさせる。

STOP PRINT FEED POWER

数々の現場をこなしてきた使用感が漂う車内。特にシート座面の劣化が目立つ。これらは警察官の腰回りの携行品が当たるためについてしまう傷だ。フロアマットはパトカーに定番のゴムマットではなく、市販車向け絨毯タイプのものを積んでいる

手が触れるステアリングは、過酷な使用環境からかご覧の通りすっかり変色している。当時はエアバッグなどの安全装備はついていないことのほうが普通だった

車体内側の塗り分けもしっかりと白黒になっていることがうかがえる。ドアウィンドウは手回しハンドル式が当たり前だった。現在の市販車では絶滅寸前のスタイル

年季が入った後部シート。そしてセンタートンネルの存在感が、このクルマがFR車だということをしっかりと主張している

運転席・助手席ドア内側には警棒格納装置が備わっている。なかなか無骨な印象だが、警棒が格納されていると、物々しさが一気に増す

心臓部にはＶ6、３ℓのVG30Eエンジンを搭載。市販車にはない5速MTの組み合わせを基本とするYPY31の最大の特徴だ

トランクリッドの裏側には警杖格納装置を備える。それにしても、トランクの内装がボロボロ。日々の苛烈な任務がうかがえる

真っ黒い鉄ホイールで、足元が締まって見える。現代ならこのクラスでは考えられない14インチ！

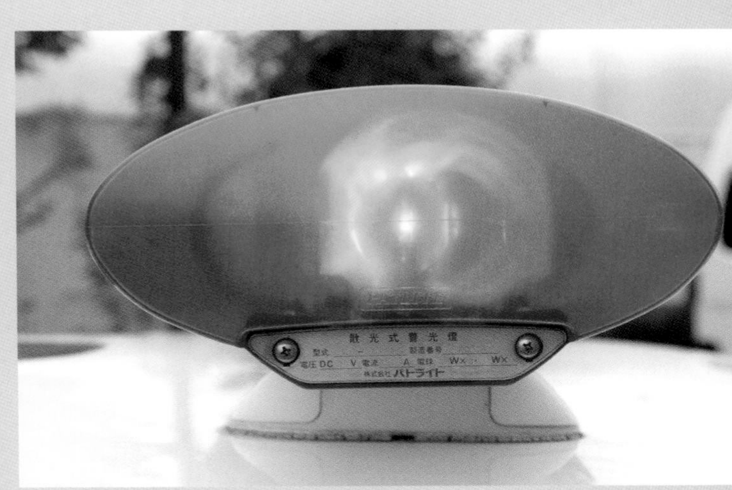

パトライト社製 AJS-12MFQ 型散光式警光灯。経年劣化のため色がくすんでしまっている

リアガラスには737の文字。ルーフのでっぱりは、昔使用されていたカーロケ用の GPS アンテナケース

中期型の象徴的な意匠のグリル。後期型の押し出しの強さはなく、シンプルな雰囲気だ

リアバンパーに増設されたメタルコンセント。探索灯（メーカー説明書では探索燈と表記）を使用するためで、神奈川県警でよく見られた仕様

対空表記は737。これは本部交通対策部門に在籍していた当時のものだ。変更されずに秦野署で運用されていた

20年経っても快調！質実剛健な覆面セド

愛知県警第一交通機動隊では、ＹＰＹ31のセドリック覆面パトカーが残っている。２００２年（平成14年）に県費で導入された最終型で、今年で車歴21年というご長寿車両だ。

現役当時は一交機管内の幹線道路などでの取り締まり活動に従事していた。隊員の方に話を伺うと、コンディションは非常に良好であり、何の不都合もないため、退役させる理由が見当たらないということだ。現在は一線を退き、取り締まりには従事していないということだが、普段は本部などへの連絡車として活躍している。街中を走行していると、その覆面パトカーらしいフォルムからか、一般市民からの視線を集めることもあるそうだ。

近年、警察車両の多くがＡＴ車となっている。そのためクルマの運転に慣れている交機隊の隊員でも、ＭＴ車のセドリックに乗るときは、いつも以上に緊張感を持つ隊員も少なからずいるという。

外装・内装共に非常にキレイに手入れされており、とても21年間も使われた車両には見えない。なお、セドリック覆面パトカーとしては、比較的標準的な仕様で、グリル内に前面警光灯、リアガラスはスモークレスで、無線用ＴＬ型アンテナ装着というスタイルだ。

愛知県警 交通機動隊

まだ現役の激レア車。2023年（令和5年）にセドリックの覆面が生き残っていた！ しかも超絶良好なコンディションで活躍中。今やめったに見られない実車を詳細撮影するチャンスを得た。

YPY31セドリック世代といえば、やはり無線アンテナはTL型がよく似合う。まさに覆面パトカーのスタンダードともいえる姿だ

YPY31最終型のインパネ。ステアリングやシフトノブのあたりに、使用感がうかがえるが、コンディションは良好だ。連絡用とのことで、無線機は外されている

シートは濡れたまま座ってもいいようにビニールレザーになっている。内装色は YPY31伝統のブルー系だ

ルーフの出っ張りの中に反転灯が収納されている。雨水などは右に伸びる水抜き用のホースで、B ピラーに沿って車体下に排出される

ドア内面には警棒格納装置があり、運転席側にも同様に備わる。ウィンドウの手回しハンドルは今やレア装備だ

助手席の足元には、事故現場に臨場したときなどを想定して小型の消火器を備えている。無線機は外された状態だ

後部座席は使用感がほとんどないキレイな状態。違反者はここへ案内される

この個体は10万 km 超の走行距離。車歴21年にしては少ない !?

シフトノブの後方に見えるのは灰皿。最終型はこの位置にある

セドリックパトカーの象徴ともいえる 5 速 MT のシフトノブ

サイレンアンプはユニペックス社製のものを搭載。ストップメーターはこの位置に

VG30E エンジンが鎮座するエンジンルーム。内部もキレイに手入れされていた

パトライト社製 HKY-101LNPS 反転式警光灯を装備。ルーフの蓋が開いて出てくる

セドリック覆面パトカーのルームミラーは左右に並ぶ並列式。白黒パトカーは上下 2 段式だ

14インチの鉄ホイールを履く。同車は前後のホイールが微妙に異なっていた。こちらはフロント側のホイールで見かけないタイプ

反転式警光灯を点灯させたところ。ドアバイザーなしの標準的なスタイル。同車のドアミラーはメッキ仕様となる

リアガラスはスモークレス。「こしゃくなことはしません！」的なスタイルだ

前面警光灯はグリル内の集光灯タイプ。オートカバーが廃止された後の YPY31最終形態だ

今やほとんど見なくなった TL 型アンテナ。右側についているパターンが多い

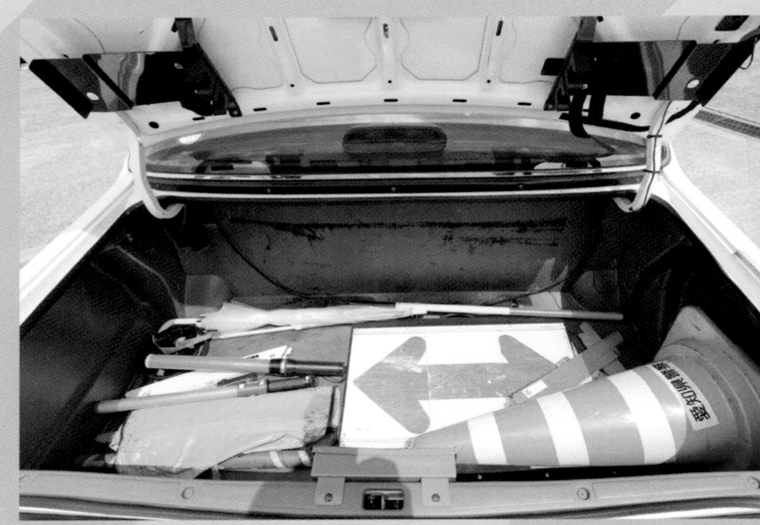
トランク内部は交通取り締まり現場で必要なセーフティコーンや停止棒等を積載している

普段は見ることのない、TL 型アンテナの基台裏面。無線機へと接続される

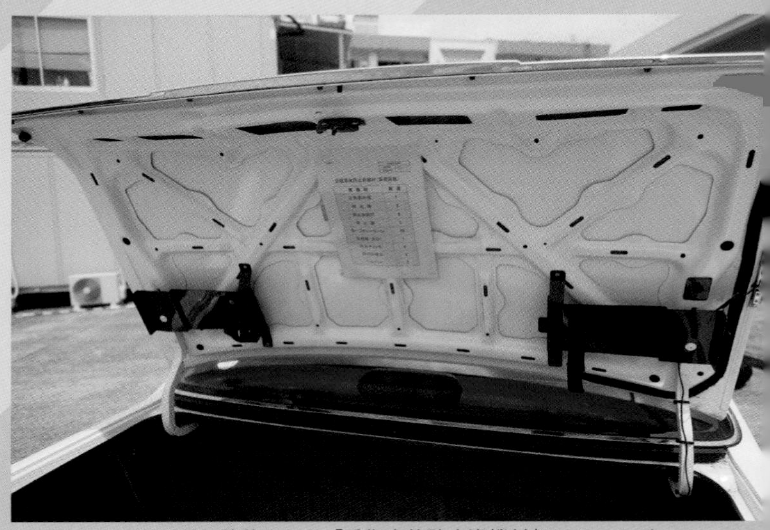
トランクリッドには、積載すべき「受傷事故防止資機材」のリストが貼り付けてあった

令和に入っても、セドリックパトカーが見られた道県警を紹介しよう。北海道警では白黒のレーダーパトカーが2023年10月頃まで使用されていた。また、山梨県警と静岡県警には2台ずつ白黒パトカーが残っている。

令和のYPY31セドリック Part 4

YPY31 CEDRIC

北海道警

北海道警／東署

空き地より違反車を狙う。本線車線からは見えにくい場所に隠れて、速度の速いクルマを狙い撃ちにする。2023年10月で退役したもよう

北海道警／白石署

違反車をロックオン、路肩からスタートダッシュする。写真は2021年頃のもの。残念ながらすでに退役している

北海道警／豊平署

違反車の処理を行う豊平署のセドリック。豊平区内の頻出スポットだ。「北海道スピードダウン・キャンペーン」のステッカーはすっかり色あせてしまっている。現在は退役済み

北海道警／滝川署

滝川署交通課のセドリック。ナンバーやレーダーにサビが見られるも、まだまだ活躍できそうだったが、2023年10月の車検切れにより退役した

静岡県警

静岡県警／静岡南署

1999年に県費で導入された交通取締り用パトカー。現在は、静岡南署で使われている。赤色灯がエアロブーメランタイプだ。県内の交通機動隊にもう１台、白黒セドリックが残っている

山梨県警

山梨県警／大月署

山梨県警には２台のセドリック白黒パトカーが残る。2000年に県費で導入、ボンネットにバグガード装着用の穴があり、高速道路用として配備された。現在は１台が大月署に配備されており、もう１台は北杜署にある

Y31セドパトの「超」解説

そもそもセドリックがパトカーとして選ばれたのはなぜなのだろうか?
そして何がこうもファンを惹きつけるのか。
仕様書や落札履歴からY31の核心に迫る
「超」解説をお届けする。

<Y31セドリック変遷>

1987年6月	7代目セドリック／8代目グロリア発売
	ハードトップとセダンの2車種構成。ワゴンとバンについては先代のY30系が継続生産された
1989年6月	セドリック／グロリアマイナーチェンジ
	外観、内装の一部が変更された。
1991年6月	セドリックセダン／グロリアセダンビッグマイナーチェンジ
	ハードトップはフルモデルチェンジしたが、セダンはY31を継続。外観が大きく変更され、Cピラー部にあったオペラウィンドウが廃止された。パトカー仕様はこのモデルからが中期型
1995年8月	セドリックセダン／グロリアセダンビッグマイナーチェンジ（2回目）
	フロントフェイスが大幅に変更。後期・最終型のスタイルになる。フォグランプが白色化
1998年6月	一部改良
	パトカーモデルはこれ以降、最終型となる。ダッシュボードが新デザインに。ラジオアンテナがガラスプリントタイプに変更。ヘッドライトの組み込み型フォグランプが黄色に戻る

なぜセドリックがパトカーに選ばれた?

パトカーとなるベース車種はその使用用途ごとに仕様書などにより規格や条件が決められる。どんな車種でも良いというわけではない。乗車定員いっぱいの人員と重量のある赤色灯や無線機などの各種装備品や資器材をのせ、ほぼ毎日の運行に耐えうる頑丈な車体構造と、それらが消費する電力を供給しつつ、十分な加速性能や登坂能力を持つ機関（エンジン）を備える必要があるのは当然だ。

各自動車メーカーや販売店は基本的なボディタイプの選定に加え、要求された最低出力やトランク容積をクリアし、他の全ての条件を満たす車体を納入すべく、扱い車種の中からベース車を選定、自社内または系列の架装工場で改造を施したうえで納車する流れである。

当然ながら警察側から「これください」とメーカーに話が舞い込むわけではなく、基本的に指名競争入札が前提となる。各社は納入台数を製造するにあたっての費用や納期、運搬費用までをも加味し、シミュレーションした上で応札価格を算出し応札することとなる。

過去にはパトカーとして大量に採用されることで、信頼性の高い優秀なクルマであるという宣伝効果を期待し、破格値で入札するメーカーもあった。しかし近年では、環境性能などの改良や安全装置などの新技術競争の激化に伴う開発費用がかさみ、メーカー側も利益率を度外視することができなくなってきているためか、パトカー入札からの撤退傾向が見られる。例えば無線警ら車の入札では、近年は大手二社の名前が見られるだけという状況だ。

パトカーの納入は、ある程度大きな規模の台数となることから、一般向け市販車をベースとしての改造ではなく、設計段階から仕様書に合わせたパーツを組み合わせたパトカーグレードを設定して備えておくというのが一般的な形であった。Y31セドリックセダンは、エンジンラインナップや、その装備面から、最適な一台だったのだろう。

走りのイメージが強いセドリックハードトップに対して、セダンのほうにも、2000ccのVG20型に加え、実績と定評のある3000ccのVG30型が搭載されていた。中期型以降は廃止されたが、Y30からモデルチェンジした直後の前期型にはターボ付きエンジンを搭載したモデルも存在。こうしたラインナップにより、交通取り締まり用として3000cc、警ら用として2000ccのどちらも選択が可能な車種であった。

また、装備面ではタクシー仕様の存在が見逃せない。

パトカーはどんな環境下でも問題なく使用できる必要がある。特に制服や交通乗車服で乗務する警察官は、雨天や降雪時に合羽を重ね着するのみで傘を差すことがほぼない。そのため仕様書には「各座席は（中略）ビニールレザー等の耐水性、耐久性の高い素材」と指定され、濡れても汚れても容易に拭き取りのできることが条件として付されている。

ここでぴったりだったのがセドリックのタクシー仕様である。ビニールレザーシートが用意されており、前席こそ機構上異なる部品が使われているが、後席についてはタクシー用と全く同一の部品を流用でき、ドアの内張等も一部の組み合わせを変更するのみで対応できたのだった。

セドリックという選択はコストダウンという面でもじつに理に適ったものとなっていた。

セドリックパトカー（YPY／YY）落札一覧

交通パトカー

落札年月	台数	1台あたりの金額	モデル
1988.6	75	2,378,000	前期
1989.7	163	2,241,000	前期
1990.10	91	2,253,000	前期
1991.9	74	2,507,000	中期
1992.9	64	2,583,000	中期
1993.9	143	2,300,000	中期
1994.8	144	2,296,000	中期
1995.7	206	2,494,000	後期
1996.8	101	2,369,000	後期
1997.7	216	2,237,000	後期
合計台数と平均価格	1277	2,365,800	

交通覆面

落札年月	台数	1台あたりの金額	モデル
1990.10	53	2,374,000	前期
1994.9	64	2,441,000	中期
1995.8	98	2,524,000	後期
1996.8	26	2,369,000	後期
2001.7	168	2,266,000	最終
合計台数と平均価格	409	2,394,800	

EC

落札年月	台数	1台あたりの金額	モデル
1991.6	12	2,421,000	中期
1999.7	39	3,400,000	最終クラシックSV
合計台数と平均価格	51	2,910,500	

警ら（グロリア）

落札年月	台数	1台あたりの金額	モデル
1990.9	433	1,993,000	前期
1993.8	435	2,044,000	中期
合計台数と平均価格	868	2,018,500	

●セドリックパトロールカー主要諸元表

車名・型式				ニッサン E-YPY31
車種記号				PLBARBFY31EDA1200Z
寸法	全長		(mm)	4860
	全幅		(mm)	1695
	全高		(mm)	1610〈1425〉
	ホイールベース		(mm)	2735
	トレッド前／後		(mm)	1440/1450
	最低地上高		(mm)	155
	室内長		(mm)	1915
	室内幅		(mm)	1455
	室内高		(mm)	1190
重量	車両重量		(kg)	1410
	乗車定員		(名)	5
	車両総重量		(kg)	1685
性能	最小回転半径		(m)	5.5
	燃料消費率		(km/ℓ)	14.5(60km/h定地走行時)
	最高速度		(km/h)	180(推定)
エンジン・燃料装置	型式			VG30E型
	種類・シリンダー数			水冷V型6気筒 OHC
	内径×行程		(mm)	87.0×83.0
	総排気量		(cc)	2960
	圧縮比			9.0
	最高出力		(PS/rpm)	160/5200
	最大トルク		(kg・m/rpm)	25.3/3200
	燃料供給装置			集中電子制御式燃料噴射
	使用燃料・タンク容量		(ℓ)	レギュラーガソリン・72
シャシー関係・その他	トランスミッション			マニュアル、OD付5速フロアシフト
	変速比		1速	3.580
			2速	2.077
			3速	1.360
			4速	1.000
			5速	0.811
			後退	3.636
	減速歯車形式			ハイポンドギア
	最終減速比			3.700
	ステアリング形式			ラック＆ピニオン(パワーステアリング)
	ブレーキ形式	前		ベンチレーテッドディスク式
		後		ディスク式
	サスペンション	前		独立懸架ストラット式
		後		独立懸架セミトレーリングアーム式
	バッテリー		(V-AH)	12-55(5h率)
	オルターネーター		(V-A)	12-80
	タイヤ		(前後・スペア)	195/70R14 91S

〈 〉内は覆面パトカーの数値

(注)エアコンを装着した場合、車両重量および車両総重量は30kg重くなります。

●燃料消費率は定められた試験条件のもとでの値です。実際の気象・道路・車両・運転・整備などの条件により燃料消費率は異なってきます。●このカタログのエンジン出力はすべて「ネット値」です。●エンジン出力表示には、ネット値とグロス値があります。「グロス」はエンジン単体で測定したものであり、「ネット」とはエンジンを車両に搭載した状態とほぼ同条件で測定したものです。同じエンジンで測定した場合「ネット」は「グロス」よりもガソリン自動車で約15%程度低い値(自工会調べ)となっています。

●主要装備一覧

○標準装備
◎メーカーオプション
△架装メーカーオプション

区分	装備＼車種	白黒パトロール	覆面パトロール
パトロールカー専用装備	散光式警光燈	○	−
	補助警光燈	○	−
	反転式警光燈	−	○
	集光式警光燈(フロントグリル内装着)	−	○
	無線機格納装置	○	○
	無線機用スピーカー	○	○
	空中線受け台	○	(注1)
	アンプ式サイレン(拡声装置付)	○	○
	足踏式サイレンスイッチ	○	○
	ストップ装置付スピードメーター	○	○
	筆記用ランプ(助手席・左後席)	○	○
	警棒格納装置	○	○
	警杖格納装置	○	○
	固定式セーフティドアロック(後部右側ドア)	○	○
	警察マーク	○	○
	消火器(K2W型・0.4ℓ)	○	○
	探索燈(ハロゲン55W)	○	○
	背当てカバー(運転席・助手席)	○	○
	2段式ルームミラー	○	−
	並列式ルームミラー	−	○
	助手席用ドアミラー	△	△
	車検証入れ	○	○
	アイドルコントロール装置	○	○
	AMラジオ	○	○
一般装備	ハロゲンヘッドランプ	○	○
	ハロゲンフォグランプ	○	○
	熱線リヤデフォッガー	○	○
	電動リモコン式フェンダーミラー(注2)	○	○
	無段間欠ワイパー	○	○
	電子制御パワーステアリング	○	○
	チルトステアリング	○	○
	デジタル時計	○	○
	サンバイザー(運転席・助手席)	○	○
	タコメーター	○	○
	トランクオープナー	○	○
	トランクルームランプ	○	○
	フューエルフィラーリッドオープナー	○	○
	シートバックポケット	○	○
	マニュアルエアコン	◎	◎
安全装備	運転席シートベルト・ショルダー上下調整機構	○	○
	後席3点式シートベルト(注3)	○	○
	サイドドアビーム(前後ドア)	○	○
	ハイマウントストップランプ	○	○

(注1) 無線用アンテナはトラクリッド固定式(自動車電話タイプ)が標準となりますので、車体加工はありません。
(注2) 電動格納式ミラーも選べます。
(注3) 中央席は2点式となります。

★オートマチック車の設定もあります。詳しくは右記までお問い合わせください。

●このカタログの内容は1995年8月現在のもので、仕様ならびに装備は予告なく変更することもあります。

1995年版の「セドリックパトロールカー」のカタログよりスペック部分を再現した。装備内容はもちろんのこと、メーカー公式の名称表記(漢字表記など)、じっくり観察すると発見があるはず

主要パトカー落札リスト

国費調達分のみ

落札年度	セド・グロのモデル	交通パトカー 一般道用	交通パトカー 高速道用	交通パトカー 高速Ⅱ型(参考)	交通覆面	警ら	EC 警護	EC 警衛
1988	前期型	クラウン(179)	セドリック(75)			ギャランシグマ(460)	クラウン(15)	
1989	前期型	セドリック(163)	クラウン(86)			マークⅡ(430)		
1990	前期型	セドリック(91)	クラウン(48)		セドリック(53)	グロリア(433)	デボネア(21)/AT	クラウン(17)
1991	中期型	クラウン(129)	セドリック(74)	スカイラインGT-R(9)	クラウン(70)	シグマ (368)		セドリック(12)
1992	中期型	クラウン(138)	セドリック(64)	GTO(7)	クラウン(26)	マークⅡ(462)	デボネア(11)/AT	
1993	中期型	セドリック (143)	クラウン(86)			グロリア(435)	デボネア(16)	
1994	中期型	セドリック (144)	クラウン(96)	GTO(4)	セドリック(64)	クラウン(438) シグマ(20)/AT	デボネア(15)	
1995	後期型	クラウン(191) セドリック(206)			セドリック(98)	シグマ (628)	デボネア(37) クレスタ(14)/4WD	
1996	後期型	セドリック(101)		GTO(9)	セドリック(26) ソアラ(20)/Ⅱ型反転	クルー(620)		
1997	後期型	セドリック(216)		RX-7(7)	クラウン(76)	クラウン(437)	デボネア(17)	
1998	最終型(ECはクラシックSV)	クラウン(209)		スカイライン25GT-T(6)	スカイライン25GT-T(50)/2.5反転 クラウン(31)	クラウン(542)	レジェンド(20) ローレル(5)/4WD	
1999	最終型(ECはクラシックSV)	クラウン(255)		スカイライン25GT-T(4)	クラウン(27)	クラウン(190)	セドリック(39) レジェンド(21)	
2000	最終型(ECはクラシックSV)	クラウン(220)		スカイライン25GT-T(25)	クラウン(24)	クラウン(435)		
2001	最終型(ECはクラシックSV)	クラウン(249)		ギャラン VR-4 (9)	セドリック(168)	クルー(454) クラウン(102)/4WD		
2002	最終型(ECはクラシックSV)	クラウン(132)		ギャラン VR-4 (7)	クラウン(29)	クラウン(462) クラウン(175)/4WD	レジェンド(23)	
2003		クラウン(220)		インプレッサWRX STi(6)	クラウン(72)	クラウン(386) クラウン(190)/4WD	ティアナ(11)	

車名(台数)/追加指定条件

別冊ベストカー『平成～令和新時代 パトカー30年史』(講談社ビーシー／講談社刊)より

YPY31はなぜマニア心をくすぐる？

警察側が仕様書で指定した条件に応えることができるセドリックセダン。しかしパトカー仕様となると単なる既存品の組み合わせだけで整うはずもなく、各所に一般向けとは異なる特別装備を設定することになる。とりわけセドリックパトカーの最大の特徴といってよいのが、一般向け市販車にはないガソリン3000ccエンジンにフロア5速マニュアルミッションの組み合わせだ。

一般向けやタクシー向けにもフロア5速やコラム4速のMT仕様は存在するが、いずれもガソリン2000ccやLPG仕様、ディーゼルエンジンとの組み合わせであり、3000ccは全てAT車となっている。それに対し、パトカーだけに用意された5速MT仕様。正確にいえば、セドリックパトカーではAT車も選択できるので、パトカー仕様＝必ずMT車というわけではないのだが、パトカーでAT車を選択したのは極少数であり、「市販車に無い3000ccエンジンにMT」という特別感が、パトカーファンを魅了していると思われる。

加えてもうひとつ。独立懸架セミトレーリングアームのリアサスが生み出す、加速時と変速時のリアの浮き沈みの挙動だ。まさに「MT車ですよ！」と誇示しているかのようで、実に格好いい！これらの市販車とは違う特徴を持ったY31パトカーモデルには専用の車両型式が付与され、車種を表すY31の前桁に日産社内で代々パトカー仕様を表す「Y」とセドリックで3000cc車を表す「P」が付され、YPY31と呼ばれることとなり、ファンの間でも「YPY」（愛称）となっている。なおYPY31は警察向け限定モデルというものではなく、道路パトロールカーや血液輸送用緊急車としての納入実績もある。

交通パトから派生 警らパトでも国費導入

セドリックパトカーといえば、交通パトカーだが、警らパトカーとしてグロリアも入っている。

2000ccのエンジン車に、特殊装備品類を交通用から警ら用に多少の変更を施し転用、さらに警ら用として必須装備である盗難防止装置（オートドアロック）を追加搭載し送り込んできた。

当時の系列販売店に配慮してかセドリックではなくグロリアのエンブレムを装着し登場。リアコンビランプなど細部もグロリア仕様のパーツが用いられた。

なお二度目の落札となった中期型納入時は3ナンバー用バンパーを装着したYPY酷似の外観となり、グロリア警らパトはYY31と専用の車両型式が付与された。一度目の前期型納入時は2000ccスーパーカスタムのMT車をベースにした改造扱い（メーカー的にはオプション扱いのパトカー仕

1991年の落札以降に導入された中期型モデル。93年には警らのグロリアも導入されている。フロントからセドリックかグロリアの判別はほぼ不可能。写真の車両はグロリアの可能性がある

E-YPY31 型　類別符号説明書

型式 E-YPY31　　類別 ①②③④⑤⑥⑦⑧⑨⑩

	区　分	記　号	説　明	備　考
1	通称名	P	セドリック　パトロール	
2	車体形状	S	セダン	
3	車両仕様		オリジナル	
4	変速機	F	手動5速	
		A	自動4速	
5	エンジン仕様	E	燃料噴射	
6	前座席仕様	M	セパレート	
7	制動力制御装置仕様	符号なし	ABS なし	
		U	ABS 付	
8	ステアリング仕様	N	パワーステアリング	
9	エアコン仕様	符号なし	エアコンなし	
		B	シングルエアコン	
10	エア・バッグ仕様	符号なし	エア・バッグなし	
		A	エア・バッグ付	

こちらは「類別符号説明書」を再現したもの。例えば「PSSAEMUNBA」だと、セドリックパトロール、セダン、自動4速、燃料噴射、セパレート、ABS 付、パワステアリング、シングルエアコン、エアバッグ付の車両ということになる

セドリックパトロールカー

1. 販売車種及び車両価格一覧

車名	ストップ装置付スピードメーター	車種記号		東京地区希望小売価格	車名型式
白黒パトロール	デジタル	PLBARBFY31 EDA1280Z		2,556,000	ニッサン E-YPY31 改
白黒パトロール（レーダー搭載用）	－	PLBARBFY31 EDA1880Z		2,698,000	ニッサン E-YPY31 改
覆面パトロール	デジタル	PLBARBFY31 EDA1480Z		2,646,000	ニッサン E-YPY31 改
覆面パトロール	アナログ	PLBARBFY31 EDA1380Z		2,566,000	ニッサン E-YPY31 改

※消費税は3%となります。
※白黒パトロール（レーダー搭載用）の価格にレーダー装置の取付費用は含まれておりません。
（株）オーテックジャパンへお問い合わせください。
（注）貴社店頭価格は、東京地区希望小売価格を参考として、輸送費、保険料等の諸掛かり、その他貴社の実情を勘案の上ご決定ください。

2. オプション
（1）メーカーオプション
下記の仕様がオプションになります。
17桁目の記号が下記のように変わります。

品名 17桁目の記号	マニュアルエアコン	電動格納式ドアミラー	ABS+ビスカス LSD	4ドアパワーウィンドー	価格差 希望小売価格
1	○				229,000
2				○	60,000
3			○		120,000
4	○		○		349,000
5	○			○	289,000
6			○	○	180,000
7	○	○			229,000
8		○			0
9	○	○	○		349,000
A		○	○		120,000
B	○		○	○	409,000
C	○	○		○	289,000
D		○		○	60,000

編集部が入手した後期型の「東京地区希望小売価格表」。東京地区のディーラーが都費での入札価格を検討するためのものと推測される。価格欄左の空白にはおそらく仕切値が記載されていたのだろう

様）であり、バンパーも5ナンバー用で、前面警光灯はフロントバンパーより突出しないようグリル部に埋め込むスタイルであった。前期433台、中期435台の国費納入が確認されている。

教科書通りのスタイル まさに交通覆面の代表格

　セドリック覆面パトカーは、国費で全国に配置され、かつては交通覆面の代表格ともいえる存在だった。パトライト社製の反転式警光灯を備え、前面警光灯はグリル内側にスタンレー製のフォグランプ様の物を装着していた。

　2001年に国費導入された最終型では、これを小糸製のオートカバー式の物に置き換え、バンパーのスリット部を切り取った上で埋め込み装着された。なお、同製品の製造終了を受け、その後は元に戻っている。今やLED式が基本となったが、セドリック交パでは白黒・覆面共にLEDとなることなく終焉を迎えた（納入後にLEDに換装された車両はある）。

　白黒パトカーとの違いは多くはない。無線アンテナの装着がトランクリッドとなり、助手席用のルームミラーが並列式に。またサイレンアンプが反転式に対応するものになったぐらいで、動力性能には違いはない。外観の特徴としては、鉄ホイールとサイドモールレス。リアのTL型アンテナ、グレードエンブレムレスといった具合だ。

　窓越しに見える車内の反転灯カバーと並列ミラー、また、初期は8ナンバーに助手席ピラー部のミラーなど、教科書通りの覆面車で、そのスタイルは同時期のクラウンと共に周囲のドライバーに大きなヒントを与えつつも、それに気づかず暴走して取り締まられる一般車を見かけては「なんで気付かないの？」とニンマリと微笑んだ読者も少なくないと思う。

都道府県予算で導入 今も残る長寿車両たち

　国費での交通パトカーは1988年から1997年まで毎年連続しての導入が確認されており、交通覆面を合わせると2001年までに1686台ものYPYが投入されている。

　その一方で、各都道府県警が各自治体の予算（以下県費等）で購入するというパターンもある。こちらは製造メーカーではなく地元のメーカー系列ディーラーなどが応札する場合が多く、国費車に比べて、多様なバリエーションが見られる。国費車であれば、例えばパワーウィンドウなどオプションで追加料金が必要な+α的な装備は仕様書に指定がなければ割愛されるのに対して、県費等の場合、使用上で問題とならずむしろ利点となるなら、AT車を選択したり、パワーウィンドウ仕様をチョイスしたりということがある。結果、国費車より上級な仕様の個体となることも少なくない。

　また一般的な警らパトカーの耐用年数は国費車では5年と定められており、基本的に走行距離に関係なく更新されるのだが、県費等での導入車両の場合、更新は自治体独自の考えによるため、運用するのに問題ないとなれば使い続けられる。本誌に登場した佐賀県警のレーパトや神奈川県警の中期型はいずれも県費車である。

僚友だったクラウンの躍進 勇退のYPYセドリック

　かつて交通取り締まり用パトカーとしては、日産のセドリックとトヨタのクラウンが二分していた時代があった。1994年度までは毎年交パとしては一般道路用と高速道路用とにわけて入札が実施されていたが、セドリックとクラウンがそれぞれに収まり、2年毎に入れ替わってと、まるで「仲良く分け合いましょう」と申し合わせているかのごとく、2車が交互に落札していた。1995年度以降は一般道用と高速用をわけずにまとめての入札となったが、覆面を含めセドリックが連勝し、警らクルーの大量落札も併せ日産車ばかりが導入された。しかし、1997年からは状況が一転、警らクラウンの落札を皮切りに、1998年以降は交パ白黒と覆面もクラウンの独壇場となり、2001年の交通覆面の落札を最後に、国費納入でのセドリックは見られなくなった。2002年7月に最終製造、受注のないまま2005年12月を以ってYPY31はメーカー廃番、足掛け19年にわたるロングセラーの終幕となった。

警護警衛でも活躍！ YPYから市販車ベースへ

　セドリックは交パ以外にも、歴代の警護車や警衛車……エスコートカー（EC）として警護警衛の車列に加わり活躍してきた。他メーカーの上位クラス車と共に要人の楯となるべく奔走する姿は実に格好良く、また警衛車列では車格に恥じないエレガントな走りを見せた。磨かれた黒い車体に林立するアンテナ群に惚れ惚れする読者も多いのではないだろうか。

　近年の警護警衛は、対象とする車両に近い動力性能のECが主流となって来たが、以前はワンランク以上高い車格の対象車両にYPY31が帯同していた。160馬力の3000ccV6エンジンとMTの組み合わせは、訓練されたドライブテクニックと相まって有用だったと思われる。しかしながらMT車は、ミスシフトで遅れをとったり、エンストなどという、状況によっては懲罰ものともなりうる失態を生む可能性がある。ただでさえ多くの情報を処理し、絶え間なく警戒感を維持しておかなければならない警護員……、特に様々な周囲の交通状況や道路状況に即座に対応しなければならない操担当にとっては、MTの操作は煩わしいものでもあり、対する「踏めば走る」AT車は、安心安全かつ、任務の完遂にもプラスとなることは容易に想像がつく。既に外国車ベースの希少なECでは選択の余地なくAT車だったこともあって、1990年に国費の警護車にAT車である三菱デボネアが投入されて以降、ほどなくして新製のECにはほぼ例外なくAT車が起用されることとなった。

　これを受けセドリックECもYPYベースである必要性がなくなり、市販車の3000ccのAT車をベースとすることができるようになり、一般向け市販車の3ℓクラシックSVをベースに、必要装備を架装したECが納入されることとなった。

1999年の国費導入と思われるクラシックSVエスコートカー。前面警光灯にオートカバーが採用された。磨きあげられたボディで、ワンランク上のクルマにも引けを取らない雰囲気を備える

YPY31セドリック「極み」解剖

本稿では、巻頭に掲載した大判写真の車両について、さらに掘り下げて解説していく。
前ページでは簡単な説明にとどめた箇所を、マニアックな視点で、どこに見どころがあるのか再確認。
加えて、写真には写らない部分も、その背景や経緯・歴史などについて深掘りしていく。

P.16

◉中期型、後期型＆最終型外観について

中期型までの一般向けセドリックのフロントグリルは、5ナンバー・3ナンバーともにメッキ仕様の共通パーツだったが、パトカー仕様に関しては重厚感ある3ナンバー用大型バンパーにタクシー同様のメッキなしガンメタ色のグリルが組み合わされ、無機質で独特の雰囲気を醸し出していた。95年に後期型になり一般向けフロントグリルが5ナンバーと3ナンバーで別形状になると、パトカー仕様も同様に3ナンバー用メッキグリルが装着され、きらびやかなイメージのフロント周りへと豹変した。その一方でYPY31としては最後までサイドモールが装着されることはなく、これはあくまで廉価に仕上げるためと思われる。前期型にあったCピラーのオペラウィンドウが中期型以降廃止され、ピラー自体も太くなり後席のヘッドクリアランスが拡大。以降、前期型を指すY31に対し、YPY31の型式表記はそのままにボディ形状の分別のために日産社内外でSY31と呼ばれるようになった。フォグランプは前期型ではナンバープレート両脇に増設するオプション扱い。中期型ではヘッドライト組み込みで黄色のものが標準装備に。後期型になり一旦白色のフォグランプとなるが、市場の声を反映させた結果なのだろうか、最終型では後期型と意匠は変わらないまま再び黄色に戻された。シルバー塗装の14インチ鉄ホイールはタクシー用と酷似しているが、タクシー用はリムが5Jなのに対して5.5JJとパトカー専用のものとなっている。本来なら車軸部に黒いキャップが装着されているが写真は外してあるようだ

◉ボディカラーと塗装について

白黒パトカーの塗色は、日産車のボディカラーコードで621ピュアホワイト（93年6月よりホワイトに色名称変更）とKH3ブラックのセットで1M7と呼ばれるが、トランクリッド裏面やエンジンルーム内を見ておわかりのように、まず黒色で塗装された車体にマスキングを施したうえで白色を上塗りする手順となり、必然的に白の部分は塗膜が二重となることで防錆効果としても有効な形となっている

◉フェンダーミラー＆補助ミラーについて

今やフェンダーミラーがほぼ絶滅して久しいところだが、セドリックパトカーといえばフェンダーミラーが多い。中期型の途中（93年6月）以降はドアミラーも選択できるようになったが、佐賀県警に残る3台は全てフェンダーミラーを選択。今や一般車ではスマートさに欠けるというイメージを持つ人も多いが、視線移動量の少なさや死角の少なさなどの利点がある。助手席ドアの窓枠部には助手席から後方を確認するための補助ミラーを装着している。こちらはカーメイト社製AX-8［BL］（アクセスエイト）。Y31以降の太い窓枠に対応した専用設計のオプション金具に差し替えての装着となる。製品自体はまだ販売があるものの、専用金具は終売品となった上に、ミラー本体は保安上の理由から一般市場への出荷をメーカーのほうで自主規制している。発売開始当初は右側取り付け用や銀メッキタイプもラインナップされていた

◉インストルメントパネルとシートについて

インストルメントパネルのデザインやステアリングの形状は、前期型初頭の一般向けインストにタクシー仕様ステアリングの組み合わせに始まり、その後はモデル途中にデザインの異なるものに変更されたり、エアバッグ付きになったりと多岐にわたるバリエーションが確認されている。一方で内装基本色は最終型まで青色一択であった。また座席の表皮については（警察庁制定の無線警ら車）仕様書に規定された「各座席は、当庁の承認を受けたビニールレザー等の耐水性、耐久性の高い素材とする事」に則り、濡れた衣類のまま乗っても大丈夫で、雑巾で水拭きできる素材となっている。安価で実用的なゴム製フロアマットとあわせ、あくまで警察車両＝業務用車の作りだ（※写真の車両は一般車向けのフロアカーペットを使用）。前席背もたれ部分には付属品として規定された脱着可能なビニール地の座席カバーを使っている。ドアトリムも表皮がビニール製のものだが、助手席側にもドアポケットが用意されるなど、タクシー用とは異なるパトカー専用のものとなっている。アームレスト下方の黒い金具は警棒の格納装置で、94年（平成6年）に伸縮式の警棒に変わった際、セドリックでは金具の取り付け位置が変わったものの「ゴム製パーツにはめ込む」という保持方法に変化はなかった。組み込まれているスピーカーはラジオからは切り離されており、無線機に接続可能な状態となっている

◉無線アンテナ及び無線機設置とセンターパネルについて

無線アンテナは通常ルーフトップに設置される。ただし、レーダーパトの場合は屋根上に設置された速度測定用のレーダーアンテナへの影響があるため、無線アンテナをルーフトップには設置できない。そこで影響のない別の場所に設置されるのだが、今回一堂に会した佐賀県警の3台は見本市のごとく三者三様で、「決まり事はない」ことがよくわかる。また試行錯誤の跡もうかがえる。

❶ユーロ型アンテナは今や覆面車向け偽装アンテナの代表ではあるが、その設置の手軽さも相まってこうして覆面車以外でも装着されるケースがかなり見受けられる。

❷トランクリッドに固定するアンテナ基台は多々あるが、これは固定をせずにマグネット基台を用いて設置したもの。警護や警備に従事する際など、臨時に無線機を増備する場合などによくみられるモノだが、こうして半永久的に使われる場合もある。写真の最終型ではラジオアンテナがガラスプリントアンテナとなり、伝統だった右リアフェンダーの手動収縮式ロッドアンテナが廃止された。

❸写真では見えづらいが、リアトレーのボード中央に何らかの形で基台を埋め込み、リアガラス内側にエレメントを設置した例。覆面車などでは少数ながら秘匿性の高い同位置への設置が確認されているが、白黒パトカーでは珍しい。左下カドに写る円盤状のパーツは、IPR 無線機に繋がる GPS アンテナだ。

❹これがレーダー（レーザー）パトではない標準的なアンテナの設置例。ルーフパネルには製造時にあらかじめ穴が開けられ、キャップで蓋をされた状態で各警察本部に納車される。その後各警察本部通信部の技官や作業請け負い業者らの手により無線機や周辺機器とともにアンテナも設置される。

なお、APR 無線に移行後、昨今の主流は、無線機本体と無線機操作表示部（操作パネル）を分離するパターンがとられている。これは車内装備品レイアウトの自由度（柔軟度）を向上させるためで、無線機操作部は助手席へ配置し、無線機本体はトランク内などに収納できるようになっている。無線機本体は、頑丈な無線機格納装置（車体側特装パーツ）と鍵付きの本体取り付け金具を用いて設置する場合が普通だ。一方で助手席前に MPR 型などの無線機本体を設置するのが基本だった時代に設計されたセドリックでは、APR 型や IPR 型無線機へ移行後も、ほとんどが旧来の MPR 型と同様の設置方法——つまりは助手席前に格納装置が装着されているのをいじることなく活かし、手狭な車内でも鍵付きの取り付け金具を介し無線機本体を設置する場合がほとんどだったようだ。センターコンソールにはカルソニックカンセイ製のストップメーターやパナソニック製のサイレンアンプ、「R」と書かれたプルスイッチ（神奈川お家芸のグリル前に備わる補助警光灯だけを点灯させる増設スイッチ）、それらが AM ラジオとともに金属製の特装パネルにビルトインされている。追いやられた灰皿はその下方両壁に小型のものが補填されている。広報用のマイクホルダーのステーが天地逆に付いているのは、スムーズに取り出せるようにワザとだろうか

P.17
❶

P.17

P.17
❸

P.17
❷

P.25
❹

P.20

◉エンジンについて

YPY31の最大の特徴といえば、何といっても一般向けにはない3000ccエンジンに5速マニュアルミッションとの組み合わせだ。VG30Eエンジンの出力は先代の Y30型に搭載されていた時より20馬力程少なくデチューンされたが、160ps／25.3kgm の出力は NA の自然な吹け上がりと相まって、追跡開始時などに有用だと思われる。多くの電装品の電力をまかなうため、アクセルワイヤーに沿う形でワイヤー式のアイドルアップ装置を備える

P.24

◉トランクについて

トランクリッド裏面には仕様書に規定された警杖格納装置が設置され、容易に脱落しないように面ファスナーで2本の警杖を保持し収納できる。ただし、これらの重みで開放したトランクが風に煽られるなどして閉まってくる可能性があるので注意するようにと書かれたステッカーが貼られている。右側のヒンジ部に確認できる編線状のものは、無線機に対する電気的ノイズ対策に有効とされるボディシールド用のボンディングワイヤー

P.24

◉赤色警光灯について

散光式警光灯は約12kg 超の重量を支えるためにルーフパネル裏面に補強用の骨格（ホースメント）を入れた上で、前期型では佐々木電機製作所（後のパトライト社）製の HZ シリーズ、中期型では写真の同社製エアロソニック型 AJ シリーズが標準で搭載されている。当時の資料によれば中期型は小糸製 HN シリーズも選択可だったようだ。後期型では当初は AJ シリーズがデフォルトだったが、初代ブーメラン型（V 字型）警光灯であるパトライト社の AW 型が開発・採用されたところで、いずれかを選択できるようになった。レーダーパトは AJ シリーズをベースに本来スピーカーが設置される部分にアンテナ部を設置したものだが、レーザー式も同様でこの組み合わせは全国で数多く見ることができる。補助警光灯は中期型までは取り付け金具をバンパーのレインフォースに（ボルトオンで）固定していたが、後期型以降はグリルを金具とプレートで挟み込み固定する方法に変更。23W の白熱球を光源とするスタンレー製が採用されている

P.25

P.25

◉コールサインとカーロケシステムについて

車体のコールサイン表記位置は各本部によってまちまちだが、神奈川県警では後方向けはこの位置に記されている。ルーフ後縁の四角い箱状のモノは、昔に使用されていた神奈川県警独自のカーロケ用 GPS アンテナケース。システムが刷新され今では小型で高性能なものに取って代わられているが、今でもそのまま残されている状態だ。トランクリッド中央にはカーロケデータ送信用アンテナを撤去し取り付け穴を埋めた様子が見てとれる

P.25

P.30

P.30

P.26
P.27

◉覆面仕様の外観特徴について

ドアミラーの選択は覆面車としての秘匿性は向上するが、鉄ホイールやサイドモール非装着などの特徴とそれらが醸し出す「一般車じゃありません」オーラに変化はないように思える。また交通覆面パトといえばグレードエンブレムレスというヒントが消滅しつつある現在だが、その特徴を有名にした二大勢力のひとつがセドリック交通覆面であった。凹みや汚れのない二人乗りのセダンで、自動車電話偽装型のTL型アンテナが立っているというリアフォルムは教科書通りのもので格好良くもある

◉反転灯格納部と排水ホースについて

反転式警光灯の排水ホースはもともと縦出し型でフロアトンネルまで垂直に下ろされ、ホースは不要時には反転灯格納部のカバーの直下でコネクターにより取り外し可能だった。後期型からは横出し固定型が登場、いずれかを選べるようになり、ほどなくして横出し固定型が標準となった。横方向に出たホースを吊るす形でBピラーまで導くパイプ状の部品は、鉄板を折り曲げた試作品を経て現在の構造に決まったが、ヘルメットが当たらないようにと、取り付け部の形状とパイプの曲げ方を変える改良がすぐに行われた。反転灯格納部のカバー自体はプラ製だが、架装業者によってその表面をスポンジとルーフライニング同様に同色のビニールレザーで覆ってあり、警光灯本体にネジ4本で固定されている。後席右ドアはデフォルトで内側から開けられないようチャイルドロックの機構をロック側で固定する板状のパーツが装着されていたのだが、この車両は便宜上なのか撤去されているようだ

◉最終型のインパネについて

最終型のインパネでは助手席エアバッグが装着可能な設計のものへと変更されたものの、最終型の導入年の頃は仕様書で助手席エアバッグの装着が規定されておらず、このクルマも運転席のみの装着となっている。変更に伴いそれまでにはなかった一般向けと共通のウッド調パーツがおごられたが、車内でここだけなので馴染まず浮いている感は否めない。センターパネルは特装パネルを用いて完全に作り替えた上で、カルソニックカンセイ製のストップメーター（後に同製品から撤退）と、ユニペックス社製のサイレンアンプ（パナソニックが撤退した後を製品ごと引き継いだ）が整然と搭載されている。「R」と表記されたものはグリル内の集光式警光灯を単独で点灯できるプルスイッチだ。助手席前に設置された無線機本体からトランクまでの無線の同軸ケーブルは従来とは別ルート（足元等）を通すこととなり、Aピラーから Cピラーまで装備されていたケーブルの金属製カバーは廃止となっている。今どきは車内禁煙としているところが多いと思うが、インパネから追いやられた灰皿がサイドブレーキ側方の小物入れの位置にあり、わざわざ金属製の金具で蓋をし設置されている

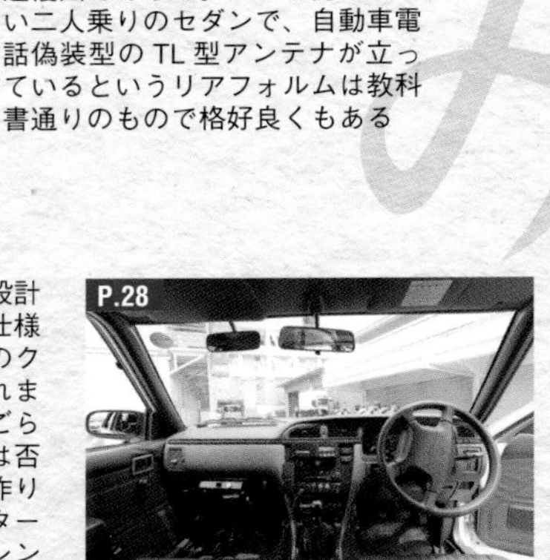
P.28

P.32

P.32

P.32

P.32

◉メーターパネルとMT車について

パネル中央のAT車用シフトポジション表示部が黒く潰されている。撮影時点で配備から21年経過したODOメーターには10万3000kmと表示されているが、計算してみると……。途中で交換修理した可能性もあり、これが実走行距離とは断言できない。MT車らしく仕様書規定の「エンジン回転計」を備えるが、ただ踏めば自動で進段し急加速時はキックダウンもしてくれるAT車とは違い、日頃の訓練で的確な判断と確かな技量を得ずして現場で5速MTを武器にすることはできないだろう。最終型になり黒色となったシフト周りが実に渋く格好良い

◉メタルコンセントについて

パトカーの標準搭載資器材の中には可搬型の探索燈（小型サーチライト）が仕様書により規定され、その給電用となるメタルコンセントは仕様書にしたがい助手席付近に設置されている。が、神奈川県警の交通系車両には車体外部からも給電できるようにリアバンパーにこうしてメタルコンセントが増設されている車両もある

◉助手席足元装備について

仕様書に規定された通り助手席足元には車両用の消火器（0.4ℓ）を専用金具を介して設置している。フロアマットの下に隠れており見えてはいないが足踏み式のスイッチがあり、サイレンアンプの「フット」スイッチをあらかじめONにしておいた上で踏むと、手動サイレンスイッチを押した時と同様にサイレンの吹鳴とともに反転灯が起立点灯。周期自動で吹鳴中でも、交差点などでペダルを踏むことによりサイレンに抑揚をつけ注意喚起することができる

P.31

P.25

◉並列ミラーについて

白黒パトの縦に重なる通称Ｗミラーに対して、並列ミラーと呼ばれ横並びに配された助手席用のルームミラーは日産覆面車の特徴のひとつだ。助手席用が防眩機能を持たないのはＷミラーと同様である。助手席サンバイザーの上方に見える白いものは蛍光灯式の筆記灯「パーソナルランプ」

◉ドア部について、ほか

一般向け市販車の内装は車格的にもモケットが多用され高級感を感じる作りなのに対し、パトカーのシートは仕様書通りのビニールレザーである。その他の部位も各所にビニール素材が用いられ、コストダウンとあわせてその無機質さと実用性を優先とする設計が業務用であることを表している（パワーウィンドウ仕様やAT仕様を選択すると関係部位周辺の一部がモケット仕様になる）。前席のドアトリムには警棒を収めておくための伸縮式警棒格納装置が備わる（近年交通取り締まり用車の仕様書からは削除された）。後席背もたれは仕様書通りアームレストのないタイプだ

◉反転式警光灯について

反転式警光灯はパトライト社製が装着されているが、それまでY30などに装着されていた反転灯と蓋が逆方向に展開（観音開き）するタイプから、Y31では新設計となった同方向に展開する機構の新型が装着された。クラウンの反転式警光灯はあらかじめ専用パーツとしてプレス抜きされたルーフパネルとホースメント（梁）にボルトオンで装着するのに対し、セドリック覆面は半完成したベース車の屋根を艤装工場で切り欠き、ルーフパネルの補強を兼ねた専用設計のホースメントをルーフパネル内面両側の骨格部にリベットで固定、それに約5.5kgの反転灯をネジで吊り下げ固定する。2.0秒で展開し、20Wのハロゲン球を光源に反射板を回転させ、毎分200回の閃光を発する

◉タイヤとホイールについて

パッと見は見過ごしがちだが、この車両は前タイヤ（195/70）に新車時のものとは違う鉄ホイール（規格は14インチ5.5JJと同一ながら）が装着されている。おそらく廃棄車両からの移譲品であったりスタッドレスに履き替えるのにホイールごとの入札で納入されたものを活用した結果ではないかと想像できる。ストップメーターはタイヤの外径に合わせて若干の調整はできるが、現役車では速度計測に影響が出ないようタイヤサイズの変更はご法度だ

◉前面警光灯について

前面補助警光灯（集光式警光灯）は、透明レンズに35W赤色バルブを組み合わせたスタンレー製のフォグランプに似たものが、グリル裏にステーを固定し左右一対装備されている。最終型では一時期、小糸製のオートカバー式のものが、バンパーのスリット部を切り欠いてナンバープレート両脇に装着されたこともあったが、同製品の生産終了で元に戻った

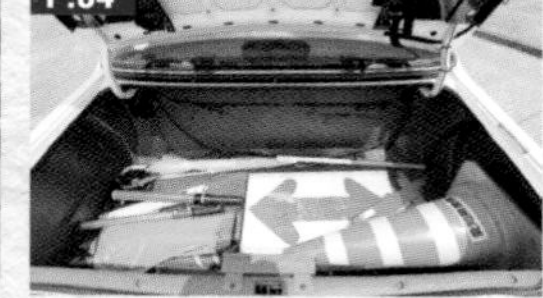

◉トランクについて

トランクリッド内面に警杖格納装置が備わるのは白黒パト同様だ。搭載すべき資機材とその定数を記した紙が貼られているが、第一線での運用時は（トランク内に）事故処理や交通違反取り締まり時に必要となる資器材がところ狭しと積まれることとなり、仕様書でその容積下限値を規定しているのが理解できる（仕様書：450ℓ以上）。またその出し入れのために開閉が頻繁に行われることから、「トランクは、約1万回の開閉を行う事に耐えうる構造とする事」とも規定があるほどだが、トランクリッドを押し上げる仕組みは（ダンパーやスプリング式ではなく）金属製リンクの歪を利用しており、一般向けと同部品のそれが金属疲労により時折破断し持ち上げなくては開かないという故障もたまに見られた。ナンバープレートの裏側壁面には金属製で鍵付きの車検証入れが備わる

◉エンジンについて

今でこそ交通取り締まり用車は3.5ℓや2.0ℓターボエンジンと多岐にわたるが、長らくは3000ccエンジンが定番であった。V型6気筒のVG30Eを搭載し、ワイヤー式のアイドリングアップ装置が備わるのは白黒車同様だ。エンジンカバーは元よりボンネットフード裏面のインシュレーターも非装備。最終型ではボンディングワイヤー（とノイズ防止コンデンサー）が廃止された。ABS付き

◉テールデザインについて

テール周りのデザインは、前期型中途でのマイナーチェンジで小変更があったものの、中期型や後期型ではそれぞれモデル途中での変更はなかった。最終型もフロント同様後期型からそのまま引き継がれた。美しく配されたメッキパーツが優雅さを醸し出しているが、「私は羊の皮を被ったオオカミです」と800ナンバーが語っている

◉無線用アンテナについて

今では消滅してしまった自動車電話用アンテナだが、この個体はそれに偽装した警察無線専用のTL型と呼ばれる無線アンテナを今でも装備していた。開発当初は名案（妙案）といわれ、それまでのラジオアンテナ偽装型に取って代わったが、車格に不釣り合いなパターンも少なくなく、逆に覆面パトカーの見分け方として有名になってしまった。同偽装型は製造元により2タイプが存在するが、こちらは少数派の日本アンテナ製（もう1社は電気興業製）。トランクリッド内面右側のフチにある黒い線状のものは、アンテナ線導入による隙間から雨水が侵入するのを防ぐためのスポンジシール

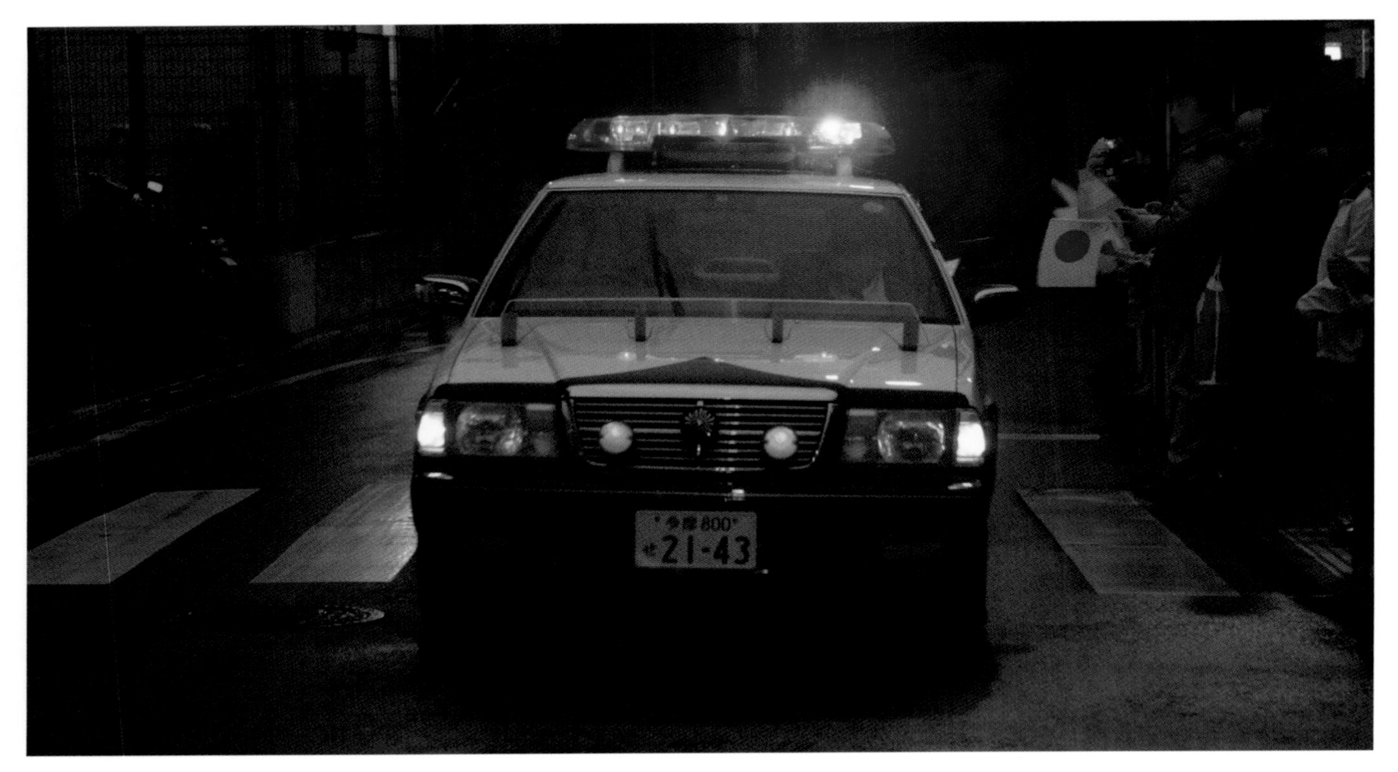

警視庁／機動隊

2008年11月、スペイン国王夫妻が来日した際の車列最後尾についていた車両。バグガードが付いている高速隊配備車であるが、多摩ナンバー管内には高速隊の施設はないことから、第４か第７機動隊に移管された車両と思われる

YPY31セドリック白黒パトカー

後期型／最終型

1995年～1998年
1998年～2002年

1995年に登場した後期型。中期型のデザインをほぼ継いでいるが、大きく変わったのはグリル部分。銀メッキの高級感あふれる外観となり、運転席ステアリングはエアバッグ付きも選べるようになり安全面も強化。赤色灯も中盤からはエアロソニックとエアロブーメランも選べるようになった。1998年には一部改良され最終型へ。ラジオアンテナが後部ガラスプリントアンテナとなり、都道府県費購入車ではドアミラー仕様もあった。

岡山県警

ブーメラン型の赤色灯かつフェンダーミラーというレア仕様。ドアバイザーが付いているので県費車である可能性がある。実は、岡山県警では2023年10月時点でも同型車数台が現役で使用されている

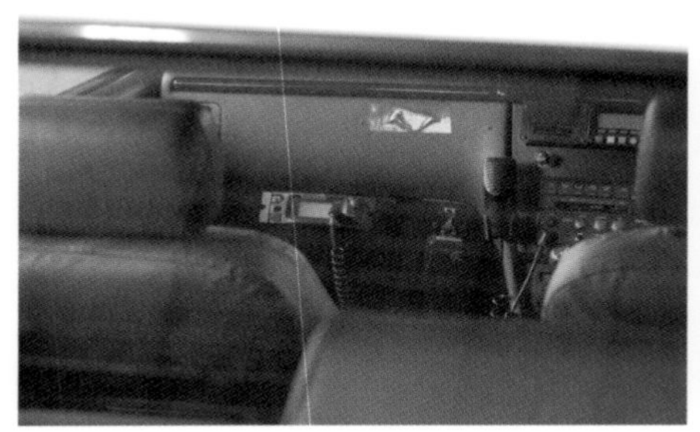

セドリック最終型の車内をリアウィンドウ越しに見る。ウッド調のあしらいが最終型の特徴だ。助手席グローブボックスには無線機のAPR-ML１、中央のコンソールパネルは上からストップメーター、エアコン、サイレンアンプ（WF-115)、ラジオとなっている

警視庁／交通機動隊

毎年12月に行われていた警視庁交通部主催の暴走族取り締まり訓練の風景。交通機動隊や高速隊などが参加する大規模なもので、このようにセドリックも参加していた。暴走族を猛追する訓練では、クラウンとは違うメリハリのある走りを見ることができた。リアフェンダーの短いアンテナは、警視庁独自のカーロケ専用アンテナだ

兵庫県警／交通機動隊

尼崎市内で撮影の、交通機動隊阪神方面隊配備車と思われるセドリック。レーダー搭載型で、県費車として納入された。トランクリッド左側には基幹系用アンテナとしてTL型、右側には短いカーロケ用のアンテナが設置されている

◎神奈川県警／高速隊

都夫良野トンネルでの防災訓練にて撮影の神奈川県警高速隊厚木分駐所配備車。神奈川では少数派のレーダー搭載車だ。最終型で、助手席グローブボックスにはレーダー測定器がセットされている。また、無線機はMPR-100とAPR-ML 1の2台を搭載していることがわかる。ちょうどMPRからAPRへの過渡期であった。サイレンアンプはUF-115(ユニペックス社製)を搭載している

Cedric

◎静岡県警／警察署

純正アルミホイールを履かせ、トランクに謎のSVというエンブレムを付けた車両。ボンネットにバグガード装着用の穴が開いていることから、もともとは高速隊で使われていた車両と思われる

福岡県警

おそらく交通機動隊に配備されていたと思われる車両で、助手席ナビミラーが取り外されている。助手席グローブボックスには三菱電機製レーダーの測定器と無線機（APR-ML１）、センターコンソールにはサイレンアンプが見られる。本来ならば、アンプ下にはラジオなどが付いているが、この車両にはレーダー測定器のプリンターが設置されている

福岡県警

90年代中頃の後期型のインパネ。助手席グローブボックスに見える巨大な端末は、PATシステム。現在はタブレットが主流だ。センターコンソール部には、ストップメーターとサイレンアンプが備わる。一番下はラジオだ

福岡県警

日中韓サミットが福岡市内で開催された際、交通規制に使われた。松下通信工業製のラッパ型レーダーを搭載しており、交通機動隊に配備されていたと思われる

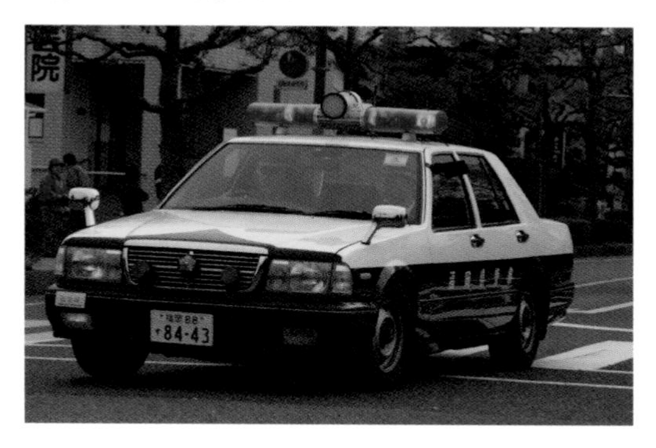

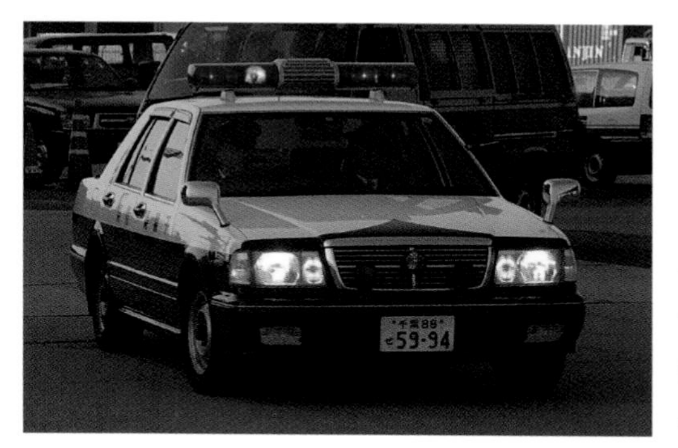

千葉県警／警察署

千葉港でのテロ対策訓練に参加した千葉中央署配備の車両で、地域課の警ら用として使用。同型仕様では交通課配備車もあり、末期配備車にはオートマ車もあった

三重県警／警察署

テールを沈めて走るセドリック交通覆面。三重県警では交通機動隊や高速隊以外にも警察署交通課に配備された車両もあり、特に国道23号や名阪国道といったスピードの出しやすいところで取り締まりを行っていた

奈良県警／交通機動隊

奈良県警で見られたオートカバー装着車。国費モノに見られたような、バンパー内への装着ではなく、上部のグリル前に付けられていた。全国的にレア仕様だった

神奈川県警／交通機動隊

ドアミラー＆ホイールカバー付きの最終型車両。リアには、セドリック覆面としては非常に珍しい「GranTurismo」のエンブレム付き。一般車のように思わせるためか、このような努力が見られる車両も稀にあった

YPY31セドリック覆面パトカー

後期型／最終型

1995年～1998年
1998年～2002年

交通覆面のセドリックも1995年に後期型が登場。銀メッキが施されたグリルは、味けのない中期型グリルとはまったく別のクルマという印象をもたらした。一方でスチールホイールのアンバランスさも目立った。後期型はフェンダーミラー仕様であったが、1998年以降の最終型ではドアミラーかつオートカバー装着仕様が国費車となり、後部テールを沈めながら加速する姿で見る者を魅了した。

滋賀県警／交通機動隊

大津市内で開催された大規模集会時に警戒を行う様子。樹脂製のドアバイザーは補助ミラー取り付けに対応したレア製品（短く切ったわけではない）。リアの沈み込みが激しい！

福島県警／交通機動隊

樹脂製のドアバイザーを装着、こちらは市販車向けと同一パーツだ。県費車によくみられるが、独自に後付けすることもある。純正のブロアム用アルミホイールを履かせており、足元からは高級感があふれる

警視庁／交通機動隊

TL型とTA型アンテナを付けたタイプ。セドリック＝TL型アンテナというイメージがあるためか、TA型アンテナ仕様を見るとなぜか違和感がある（笑）

福岡県警／警察署

福岡では警察署交通課にも覆面が配備されており、管内での各種取り締まりに使用されていた。ちなみにワイパーだが、一般市販車はフルコンシールドなのに対しYPYやタクシー仕様など低グレード車はセミコンシールドで跳ね上げ可能なものになっている。こうしてボンネット上縁にワイパーアームが見えるのもYPYの証だ

警視庁

違反車を処理中の最終型。見えづらいがユーロアンテナを付けている。セドリックにユーロアンテナというと、なにか怪しい感じもあるが、それもまた醍醐味であろう

少し視点を下げると、このようにグリル内に長方形の警光灯が確認できた。開閉式カバーが外されたオートカバーである

Cedric

和歌山県警／交通指導課

和歌山県警視閲式にて撮影した黒豹指揮車と思われる車両。ナンバー両サイドにオートカバーのようなものが見えるが、実は IPF 社製のバックアップランプ。フィルター付きのようであることから赤外線発光ライトに改造したものかもしれない。反転灯を撤去したのか、たて型Ｗミラー化されている異色の一台

岐阜県警／警察署

大規模イベント開催時に駐車違反の取り締まりを行う警察署配備のセドリック。後期型でドアミラーを選択しているところから、県費車の可能性が高い。現在はマークＸの交通覆面に更新されている

福岡県警／交通機動隊

3ナンバーかつ黒色の車体が高級ハイヤーを思わせるが交機隊のパトカー。TL型アンテナ装着という、交通覆面としては標準的スタイル。グリルに開いた穴に目がいってしまう

京都府警／交通機動隊

京都市内を中心に活動する交通機動隊。管轄は市街地から山中と幅広いことから、取り締まりも広範囲で行っている。メリハリの利くセドリックは重宝されたに違いない

京都府警／交通機動隊

京都市内で活動が見られた車両。鉄ホイール＆フェンダーミラーの後期型。後部運転席側のリアフェンダーにラジオアンテナがある点が、最終型との見分けポイントのひとつ

三重県警

後期型車内の特製パネル周辺。グローブボックスにはMPR-100の無線機が設置される。センターコンソールには、上からストップメーター、サイレンアンプ、ラジオが装着され、さらにその下の壁部分に灰皿が押しやられる格好になっている

神奈川県警／高速隊

2010年のAPEC横浜にて撮影。高速隊配備の中期型レーダー搭載仕様である。ナンバーが消えかかっていることからこの時点で現役末期と思われる

愛知県警

警察署配備と思われる中期型レーダー搭載仕様。よく見るとレーダーが右側に向いている。照射方向の調整で、ごく少数の車両で見られた

YPY31セドリック白黒パトカー

中期型

1991年～1995年

1991年に登場した中期型。前期型のカクカクとしたフロントフェイスから丸みを帯びたデザインに変更された。フェンダーミラーも銀色メッキとなり、フォグランプも外付けからヘッドライト横に配置、またＣピラーのオペラウィンドウがなくなっている。生産期間中の4年間に車内装備は変更があったものの、外観は変わることがなかった。95年にビッグマイナーチェンジが行われ、後期型となっている。

千葉県警／警察署

バグガードが付いており、もともとは高速隊で使用されていた車両。走行距離が長く、更新サイクルの早い高速隊配備車であるが、その中でも程度が良い車両が警察署などに移管されて使用されていた

三重県警／高速隊

撮影時、東名阪自動車道を管轄としていた高速隊桑名分駐所の配備車。バグガード付きの高速隊仕様で、緊急出動に備えて庁舎前に置かれていた

京都府警／交通機動隊

災害警備訓練での交通規制訓練に参加したセドリック。泥が不似合いなほど、ピカピカに磨かれていた車両

前期型からはリアのテールランプまわりのデザインが変更されている。中期型の赤色灯はパトライト社のエアロソニック（バータイプ）が標準であった

警視庁／交通機動隊

交通規制の中を走るセドリック。同じセドリックでも右側の中期型と左側の後期型との違いがよくわかる写真だ。八王子ナンバーの中期型は9方面、多摩ナンバーの後期型は8方面の交通機動隊配備車

Cedric

三重県警

中期型セドリックの車内。グローブボックスに鎮座するのはPATシステムのモニターと入力用キーボード(50音配列)。照会センターと無線通話ではなくデータ通信で自動車のナンバー照会などを行えるシステムだが、このような大きな筐体のため助手席足元はご覧の通り。また通話チャンネルでの超低速パケット通信だったため音声通話が輻輳するような重大事件や事故発生の際には使用が制限されることも多かった

警視庁／交通機動隊

一部の交通機動隊に配備されていた採証車。この車は暴走族取り締まりに用いられるため、夜間の出動が多かったことから昼間に見かけることは珍しかった。赤色灯中央のドライバユニット部にはオレンジ色のストロボを、グリルには大型ライトを付けている

山梨県警／警察署

90年代中頃、小瀬スポーツ公園で行われた年頭視閲式にて。地方では警察署交通課にレーダー搭載型パトカーが配備されていることが多い

静岡県警／警察署

中期型には、少数派であるがドアミラー仕様もあった。静岡県警では高速隊を中心に配備され、状態の良い車両は警察署に配置転換された

大阪府警／交通機動隊

90年代初頭、万博記念公園で行われた年頭視閲式にて撮影した交通機動隊配備の車両。実はこの車両、警護警衛車列時用に前面警光灯が青色発光の別パーツに換装されており、カバーを付けられている。またヘッドライト部には国旗掲揚用の基台が付けられた特別仕様であった

神奈川県警／交通部

中期型交通覆面の標準的な姿と思いきや、実は神奈川独自仕様として後部バンパーにメタルコンセントが付けられている。よく見るとこの車両は前バンパーが曲がっており、ナンバー脇にも接触痕が。リアバンパーには擦り傷や補修の跡、サイドステップにも凹みがあり、警察車両としては珍しい状態といえる

リアトレイには追突防止用として後方からの認識性向上のために後ろ向きにオートカバーが付いている。前期型までの回転灯を設置する方式から進化した

YPY31セドリック覆面パトカー

中期型

1991年～1995年

中期型の交通覆面は国費では1994年度に配備されたのみである。最大の特徴はフロントグリルだろう。タクシー用グレードを含むほとんどの市販車にはグリルに銀メッキされたエンブレムがあるのに対し、覆面仕様にはエンブレムがない。このエンブレムレスというスタイルが市販車にはない怪しさを漂わせていた。

神奈川県警／交通機動隊

交通安全運動の式典に参加のため、関係車両だと示すために会場入口直前で赤色灯を点灯。グリル裏にある前面警光灯が良く分かる。助手席用ミラーは車内ピラー共に取り外してあった

神奈川県警／交通部

交通安全運動の出動式にて、赤色灯を光らせて出動する。だがよく見ると5ナンバー（7ナンバー）で赤色灯はマグネット式、グリルもエンブレム付きであった。もともと幹部用の車両を使って出動式に出席していたものと見られる

大阪府警／交通部

庁舎から出てくる光景であり、左側後部タイヤのみホイールカバーを付けた状態。ちなみに大阪では暴走族取り締まりを行う交通指導課暴走族対策室が最後まで使用していた

交通覆面パトカーにそっくりな警務隊覆面

自衛隊／警務隊

反転灯とナビミラーを付けた覆面セドリック。一見すると交通覆面に見えるものの、実は陸上自衛隊の警務隊覆面車。同隊が使用するセドリック覆面は2000cc の市販車ベースでバンパーも5ナンバーサイズ。現在、この車両はブルーバードシルフィ（G11型）に更新されている

警視庁／交通機動隊

警視庁白バイ大会の時に目撃した中期型セドリック。ナビミラーも付けており、これぞ覆面の王道のスタイルを感じさせる

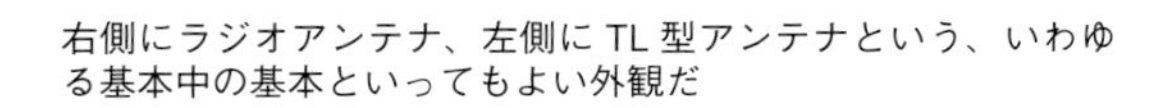

右側にラジオアンテナ、左側にTL型アンテナという、いわゆる基本中の基本といってもよい外観だ

和歌山県警／交通機動隊

非純正アルミホイールを履かせた和歌山県警のセドリック。県警によっては社外アルミを積極的に使う例が見られたが、選定時はデザイン優先ではないので、組み合わせによっては謎の雰囲気となることも少なくなかった

茨城県警／交通機動隊

この車の大きな特徴はグリル前に付けられたCIBIE製の大型ライト。暴走族取り締まり用の採証用光源として使われており、主に夜間の出動が多かった

埼玉県警／交通機動隊

交通機動隊東部方面隊に配備されていた車両。国費はフェンダーミラー仕様であったが、このクルマはドアミラー仕様。中期型ドアミラー仕様の覆面は少数派で、県費車であることが予想できる

岩手県警／交通機動隊

中期型であるが、サイドモールとグリルにエンブレムが付いた仕様。エンブレムが付いただけで高級感があり、パトカーらしさが消え去る印象。さらにサイドステップの凹みも一般車風だ

三重県警／高速隊

高速隊桑名分駐所に配備の車両。エンブレムのないグリル奥で警光灯が不気味に光る。白ボディの中期セドは、使用感が目立つことがあった

千葉県警／交通機動隊

サイドモールとホイールカバーを付けた外観の千葉県警交通機動隊配備車。もしこれが3ナンバーだったら見分けがつかないドライバーも多かったことだろう

静岡県警／交通機動隊

国道１号線、静岡県警清水分庁舎近辺で撮影したもの。赤色灯中心部、本来ならドライバユニットがある部分にはオレンジ色のストロボ、グリルには小糸製の大型ライトが付けられた採証車仕様。この当時の静岡交機はほぼ全車に社外アルミホイールを履かせていた

YPY31セドリック白黒パトカー

前期型

1987年～1991年

Y30のあとを受け継ぎ、1987年に登場したY31は前モデルの直線的なスタイルから少しだけ丸みを帯びたスタイルとなった。タクシー用グレードのオリジナルをベースとし、エンジンは3ℓの VG30E を搭載。一般向け市販車とパトカー仕様ではラジオアンテナの位置が異なり、一般向けは助手席側のリアフェンダーに電動伸縮式のものが備わるが、パトカーでは運転席側に手動伸縮式のものが装着されていた。

愛知県警／高速隊

高速隊本隊に配備されていたレーダー搭載型。ボンネットにはバグガード、バンパー下にはフォグランプが付けられている。この車両は視閲式などには姿を見せない、レアな存在であった

静岡県警／高速隊

これは高速隊浜松分駐所に配備されていた車両。社外アルミホイールを履かせており、某刑事ドラマに出てきた劇用車のような印象をいだかせる

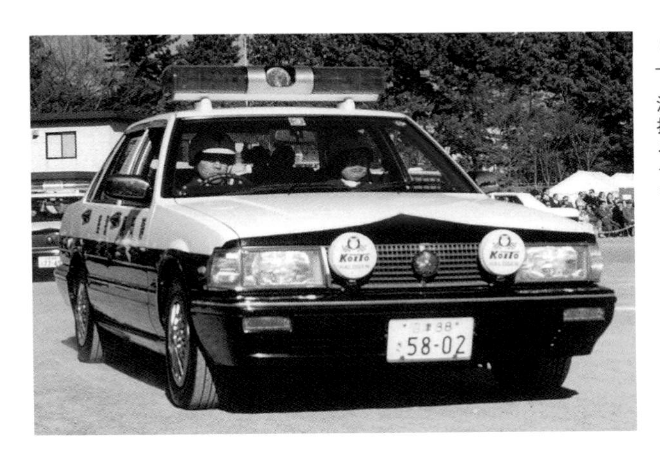

静岡県警／交通機動隊（沼津）

沼津にある交通機動隊東部支隊に配備されていた採証車。グリルには小糸製の大型ライトが付いており、タイヤはY30のブロアム用と思われるホイールカバーを装着している。そしてなんといっても大きな特徴はドアミラー仕様という点だ

静岡県警／交通機動隊（盤田）

この採証車は交通機動隊西部支隊に配備されていた。グリルには小糸製の大型ライトが付いているが、カバーが外されているためその様相がよくわかる。タイヤは社外アルミホイールを履かせている。東部支隊と同時期に配備されたのか、ドアミラー仕様だ

Cedric

警視庁

前期型と中期型（写真奥の白いボディ）の並走。前期のマスクは薄めのグリルが特徴的。無メッキのフェンダーミラーに無骨さを感じるが、セドリックファンならばこれを格好悪いと感じる人は皆無であろう。フォグランプの後付け感も気にならないほどスマートだ

YPY31セドリック覆面パトカー

前期型

1987年～1991年

Y30同様にY31セドリックも引き続き覆面パトカーとして採用され、パトカーモデルはYPY31と呼称された。当時の日産はセダン型を多車種で有していたが、セドリックをパトカーとして選定している。途中中期型へのビックマイナーチェンジで意匠に変化はあっても、このYPY31という形式名は引き継がれた。しかしこれが最後のセドリックパトカーになるとは、当時の人は誰も予想してなかったのではなかろうか。

前期の途中1989年６月のマイナーチェンジでリアコンビネーションランプがこのような「ヨリ目スタイル」に。前期型ではトランクの鍵穴に蓋がなく（のちに登場したトランクの蓋には「NISSAN」のデザインがあった）、リアにはどこにも「NISSAN」の表記がなかったためか、エンブレムが「NISSAN CEDRIC」の表記であった

Cedric

静岡県警／交通機動隊

交通機動隊中部支隊に配備され、国道１号などで活躍した。８ナンバーとはいえ社外アルミホイールを履かせ、見た目がヤン車に見えたことから取り締まりには効果があった

屋根を見るとあるはずの反転灯がない。同型車ではおそらくこの1台しかなかっただろう

神奈川県警／本部交通部

神奈川名物のオートカバー仕様車であったが、この車は反転灯が付けられていなかった。緊急走行時にはマグネット式赤色灯を2個載せしていたという目撃例もあったという。イレギュラーな作りから県費車と見てよいだろう

群馬県警／交通機動隊

全国白バイ大会に来場の前期型。助手席ナビミラーが健在だが、この年式には珍しく88ナンバーではなく、33ナンバーを装着。TL型アンテナの代わりにパーソナル無線アンテナ偽装型が装着されている

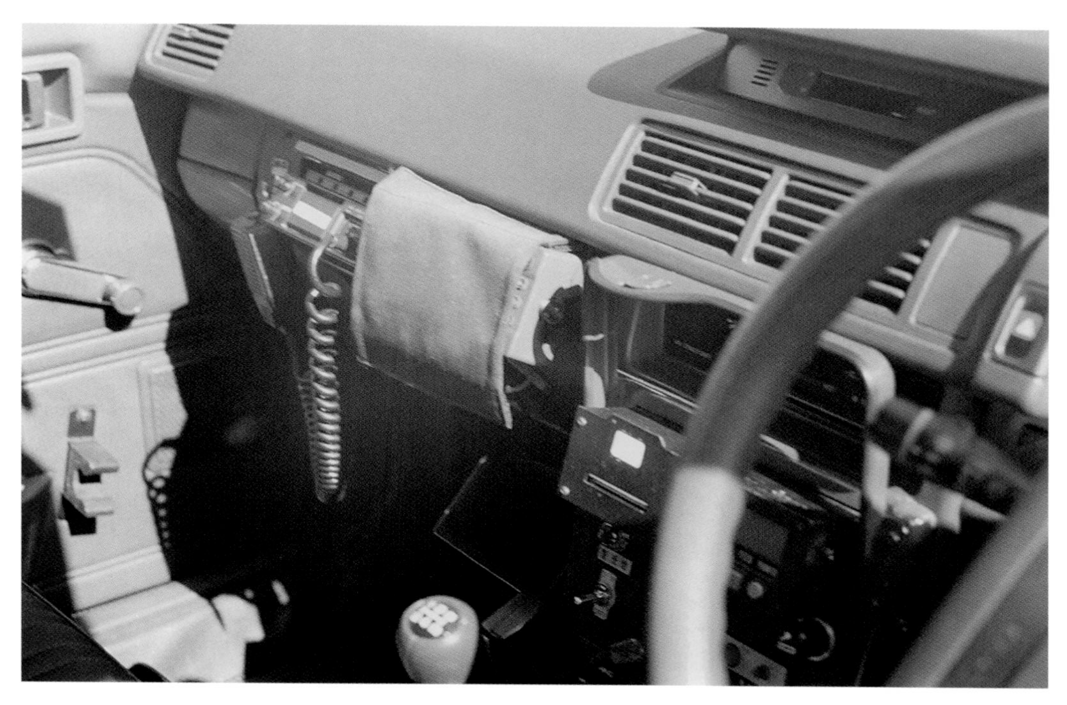

静岡県警

助手席グローブボックスにはMPR-100型無線機。そのマイクフックは標準位置の右隣りから左に移設され、空いたスペースに動態入力端末を設置している（カバーがされている状態）。助手席足元には可搬型無線機UW-110用のであろう金属製のケースが見てとれる。トンネルの多い地域での運用では有用なことも多い

警視庁

要人が宿泊しているホテルの警備を行うY31グロリアのパトカー。セドリックと間違えそうだが、バンパーの大きさとグリルに埋め込まれた警光灯でその違いが分かるだろう

Y31グロリア白黒パトカー

前期型

1987年～1991年

Gloria

北海道警／交通指導課

道費車であると思われる、交通指導課に配備の採証仕様パトカーで、赤色灯中央部には撮影用のストロボが付いている。撮影時点で、かなりの長寿車であった。採証車だから長く使われていたに違いない

警視庁／機動隊

機動隊に配備されていたパトカーで、このように金網を付け、複数のアンテナを付けた無線統制車的存在の仕様があった。今、この任務を受け継いでいるのはエクストレイルの覆面であり、このようなコテコテな装備をしたパトカーは見られなくなった

警視庁／築地署

築地警察署の築地1号として使用されていた警ら用グロリア。こうしてみるとセドリックと比べ車体サイズは同一ながら、バンパーがコンパクトで突出がほぼないことが良く分かる

外観はセドリックそっくり 見分けが難しい兄弟車

セドリックと並ぶ大型4ドアセダンとしての地位を築いてきたグロリアもまたパトカーとして活躍している。

まずは1990年に国費車として導入された前期型がある。その大きな特徴はバンパーとグリル。セドリックが3ℓのVG30Eエンジンを搭載して3ナンバー用の大型バンパーとなっているのに対し、グロリアは2ℓのVG20Eを搭載し、5ナンバー用の小型バンパーを装備していた。その関係でバンパーに前面警光灯を付けることができなかったことからグリル部に穴をあけ、埋め込むように付けている。主に警ら用として使用された。

続いて1993年にも国費車として中期型グロリアが警ら用車として配備されている。エンジンは前期型と同様2ℓであるが、外観の特徴としてバンパーが大型化されており、セドリックとの違いはテールランプの形状と車名エンブレムでしか見分けがつかなくなった。グロリアとしてのパトカー仕様はこの中期型で終了となり、以後の警ら用パトカーはクルーがベースとなった。

なお覆面仕様としては市販車ベースの車両が自治体購入の幹部用車両（指揮用車）として配備され、今でも少数が現役だ。

警視庁

丸目４灯ヘッドライトが特徴のY30セドリック前期型パトカー。スタンダードがベースで、前モデルの430型のパトカーも同じ型のヘッドライトだったことからその流れを受け継いでいる。一見すると助手席ナビミラーが付いていないように見えるが、フェンダーミラーで隠れている

警視庁

来日した要人警護の任務に就く同車。警護対象のベンツとベンツ警護車を従え、迎賓館に到着する直前のカットだ

Y30セドリックパトカー

1983年～1987年

京都府警

撮影当時は現役末期でアシ車として使われていた。交通取り締まり用、警護用ともほぼ共通の外観で、違いは車内ストップメーターの有無くらい。グリルのスリットが広い影響もあってか前面警光灯が目立っており、角目２灯ヘッドライトと車体色の黒とが相まって威圧感がある

群馬県警

グリーンドーム前橋で行われていた年頭視閲式にて、会場の目立たない場所に止められていた角目２灯ヘッドライトが特徴のY30後期型パトカー。撮影時はY31の中期型が登場した頃で、Y30は数が少なくなっていた。地方ではアシ車として使用されていた

Y31以上に質実剛健！昭和のパトカーの代表格

セダンらしさを出した3代目の230型、いかつい顔をしたアメリカンなスタイルの330型、直線的で落ち着いた雰囲気を出した430型に続いて6代目のモデルとなったのはY30型。430型よりも直線的かつ角ばった外観で、このモデルから直列6気筒のL型エンジンからV型6気筒のVGエンジンを搭載するようになった。

パトカー仕様としては従来モデルと同様、タクシーで多く使われたスタンダードをベースとしたパトカー専用グレードで3ナンバー用の大型バンパーを装着、3ℓのVG30Eガソリンエンジンを搭載し、ミッションは5速マニュアルというもの。そして前期型のヘッドライトは丸目4灯で赤色灯は台形型の散光式、後期型は大型の角目2灯ヘッドライトに丸みを帯びた散光式という姿になった。

覆面パトカーも同様で、交通取り締まり用と警護用で配備があった。無線アンテナはラジオ用に似せたF－1型アンテナを付けており、後ろから見るとラジオアンテナが2本あるように見えるという珍妙さもあった。のちに自動車電話用アンテナに似せたTL型に交換された車両もある。なお上級グレード車も幹部車（指揮用車）として使われており、2000年代初期まで現役の車両もあった。

兵庫県警

警衛警備に従事した際に撮影したもの。丸目のヘッドライトを備えたセドワゴンパトカーは2008年の撮影当時でも、そのレトロな印象で目を引く存在だった

Cedric

Y30セドリックワゴン&バンパトカー

1983年～1999年

1983年に登場したY30セドリックワゴン&バンがベース。兵庫県警では伝統的に、県で保有する土木・水道関連の公用車をパトカーに再利用するということが行われており、本ページで紹介する複数台のY30セドリックも同様だ。主にワゴンが多く、各所轄などの交通課や地域課で運用されていた。2019年秋頃に、地元紙が「1997年式のレトロパトカーが年度内で引退」と報道していた。

兵庫県警

角目タイプのY30セドワゴン。赤色灯がバータイプなので古い年式の導入と思われる。姫路ナンバーをつけていた

兵庫県警

丹波警察署柏原交番でのシーン。2018年3月に撮影したもの。地域課が運用していたようだ。冬季だったのでスタッドレスタイヤ用として社外アルミを履いている

兵庫県警

こちらは赤色灯がバータイプ。とにかくバリエーションの多い車両で県内のほとんどの警察署に配備されていたようだ

兵庫県警

エアロブーメラン装着車。よく見ると他のセドグロパトカーと比べて、やや後方よりに赤色灯を配置している。神戸西署で運用していた。なぜかホイールキャップがフロントのみになっている

兵庫県警

丸目のセドリック（右ページ）同様のホイールキャップを装着したセドワゴン。フロントのコーナーポールがいかにも元公用車という印象

兵庫県警

伊丹空港で警衛警備に従事していた際のひとコマ。資器材も載せやすく重宝したようだ。ネズミ捕りの資器材を運んで交通取り締まりに従事していたことも

Gloria

Y30グロリアワゴン&バンパトカー

1983年～1999年

セドリックほどの数ではないが、グロリアも兵庫県警では採用されていた。セドリックとグロリアは兄弟車ゆえ見分けが難しいが、Y30はフロントグリルやライトまわりで判別が可能だろう。

兵庫県警

バータイプの警光灯を装備していたグロリアバンパトカー。他にもブーメランタイプの個体もいたが、何台配備されていたのかまでは不明

YPY31／Y31セドリックエスコートカー

後期型／最終型

1995年～1998年
1998年～2002年

1995年にビッグマイナーチェンジを受け、外観が大きく変化した後期型のエスコートカー（EC）を紹介しよう。ECとしてはクラシックSVが多く見られ、1999年には最終型が国費導入されている。フェンダーミラーの警護車としては150系クラウン警護車共々、これ以降導入されていない。都内の警衛警備では頻繁に天皇皇后両陛下や皇太子同妃両殿下の自動車お列の警衛警備に従事していた。

警視庁

天皇皇后両陛下の警衛警備を担当していたセドリック。警視庁警衛課に配備され、頻繁にその勇姿を見ることができた。前面警光灯は長らく白熱球タイプだったが、2006年初頭よりLEDタイプに換装された。これは総理大臣などの警護を担当するセルシオ警護車なども同様で、この頃に一斉に換装されている

Cedric

警視庁

こちらはドアミラータイプの警衛車。皇太子同妃両殿下の警衛警備に従事していた。前面警光灯はオートカバーで、晩年、麹町警察署の警備課に配置替えとなり管内の警衛警護警備に従事していた

警視庁

こちらはLED換装後の警衛車（2007年8月に撮影）。翌年の2008年にはマジェスタ警衛車にバトンタッチすることになる。前面警光灯のみ点灯でセンチュリーロイヤル御料車を先導する

警視庁

こちらは宮家の警衛を担当していた車両。反転灯を起立させて交差点に進入していたシーン。総理大臣車列などではよく見られる場面だが、皇族方を守る警衛車では珍しい

警視庁

天皇皇后両陛下の警衛車の最後尾車両のリアトレイには後ろ向きに４灯の警光灯が備わる。また、皇太子同妃両殿下の警衛車最後尾にも同様の装備があったが、こちらは２灯となっており違いがあった。現在でもこの装備は引き継がれている

警視庁

90年代中盤から2000年代前半といえば、TL型アンテナが全盛期の時代。警視庁のセドリック警衛車が並ぶとご覧の通りTL型アンテナの林となっていた。1台に複数本のアンテナを搭載するこのような車両らは、警衛警護車特有の雰囲気をまとっている

警視庁

リアを沈めて加速するセドリックの姿は、交通パトカーも警衛警護車も同じである。窓は常に不測の事態に備えて開けている。なお、警護車は交通パトカーと違い、AT仕様が多く見られる

茨城県警

茨城県警では県費でブロアム VIP の警護車を導入していた。基本的な装備は国費の警護車などと同様だが、細部はブロアム VIP らしくエンブレムやアルミホイールなどが異なっておりクラシック SV よりさらに高級感が際立っている。撮影時は警衛警備に従事しており、TA 型アンテナが増設されている

愛知県警

警衛警備に従事していた際のもの。警護車というよりは、交通取り締まり用の車両を一時的に転用していたようだ。「A」表記は天皇皇后両陛下などのお列ご通過まで30分前という意味がある

警視庁

こちらは警視庁の銅色クラシック SV。左ページの銀色セドリック同様、皇族方の私的な移動時の警衛警備に従事していた

警視庁

主に警衛課の運用で、皇族方の私的な移動時に運用されていたもの。連番で数台存在した。TL型アンテナが1本のみで簡素な仕様だった

2006年の終戦記念日でのシーン。最終型ではなく後期型モデル。左の車両とは連番で、警衛課の所属と推察される

警視庁

中期型セドリック警護車が主力だった頃のシーン。TL型アンテナに加えてマグネット基台でホイップアンテナが増設されている

YPY31／Y31セドリックエスコートカー

中期型

1991年～1995年

1991年にビッグマイナーチェンジで登場した中期モデル。前期型と比べ、フロントフェイスなど外観が変更されている。警護車としても国費で導入されているが、台数は多くない。中期型では反転灯の水抜きのホースは、室内の反転灯カバーからそのまま真下へ下ろされていた。

京都府警

2010年秋に京都で開催されたAPEC閣僚会合の際に撮影したもの。この時点でも十分に長寿だったが、右上は2011年12月に同じく京都で開催された日韓首脳会談の際のカット。京都府警の物持ちの良さに驚く

警視庁

反転灯、前面警光灯を点灯させ、対象車両に単独で追走する。離されないように対象車両の後ろにピタリと付き、周囲の状況に危険がないかを確認しながら走行する。交差点や合流箇所などでは、適宜マイク広報を活用し周囲へ「指示」をしながら進行する。写真からは、まさに、刻々と変化する状況に対応する臨場感が伝わってくる

警視庁

多摩御稜（武蔵陵墓地）を後に前駆車として経路の安全確認を行う。一般的には後席にも１名ないし２名が乗車し、他の交通や沿道を含めた道路の状況、通行規制の確認や注意箇所などの情報を無線で流すという重要な役割を担う

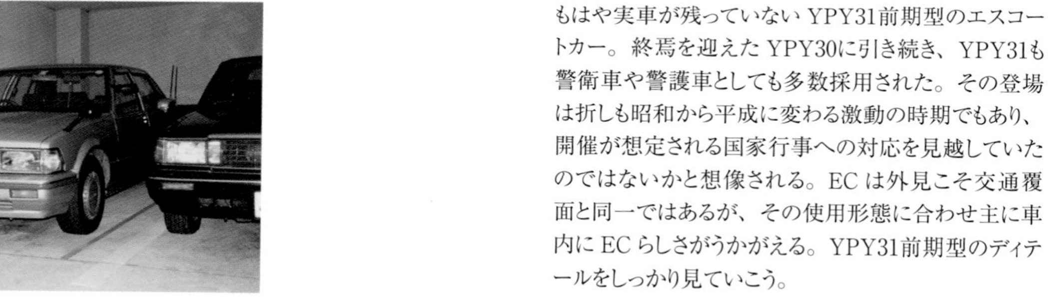

YPY31／Y31セドリックエスコートカー

前期型

1987年～1991年

もはや実車が残っていないYPY31前期型のエスコートカー。終焉を迎えたYPY30に引き続き、YPY31も警衛車や警護車としても多数採用された。その登場は折しも昭和から平成に変わる激動の時期でもあり、開催が想定される国家行事への対応を見越していたのではないかと想像される。ECは外見こそ交通覆面と同一ではあるが、その使用形態に合わせ主に車内にECらしさがうかがえる。YPY31前期型のディテールをしっかり見ていこう。

警視庁

皇族方の公式行事以外や通学時などに使用されたシルバー系車両。皇族方などがお忍びで移動する際、黒塗りの車両がゾロゾロと走るとかえって目立つことから、警護の対象車に合わせて濃色ではない警衛車が投入された。前期型ではまだシルバーの設定がない中でイエローイッシュシルバーがチョイスされている。右隣りには13系クラウンのECが並ぶ

警視庁

100％とは言えないものの、当時の警視庁警備部の場合、警衛課のECには鉄ホイールにメッキ仕立てのフルホイールキャップを装着している車両が多かった。警衛ECは厳かな走りとともに、外観もよりエレガントにという配慮かもしれない。威圧的な激しい走りを見せる機会の多い警護ECとの見分けに一役買っていた

警視庁

身内の日産キャラバンに続く警衛EC。前後とも窓が閉まっているところから、任務の真っ最中ではなく単なる移動か任務を終えて帰隊するところであろう。トランクリッド右側には自動車電話偽装型のTL型アンテナ、左側にはパーソナル無線用のアンテナに偽装したアンテン社製のものが装着されている。エレメント自体に銘板を装着するスペースがないことから、使用できる周波数を黄色などの色付きのテープを貼って識別していた

警視庁

今まさに車列の出発に合わせ、前駆として出発する警衛EC。刻々と流れる無線に耳を傾けている。Y30では後席の窓が全開にできず5cm程度残ってしまっていたが、Y31以降は改善され全開可能となった。警衛ではご法度だが、警護で行われていた箱乗りで上半身を出しての威圧的な規制がしやすくなったと想像される。ミラーや各無線のマイクが適所にセットされている

シフトレバー前方のパネルには、赤色灯などの操作スイッチが並ぶ。ラジオの上方に見えるのは松下製のサイレンアンプWF-112。その後の機種ではサイレンの吹鳴と連動して赤色灯も点灯する機構が組み込まれたが、当モデルは個別に操作する必要があった。Rのプルスイッチは2段式で1段引くと反転灯が起立し、2段引くと点灯、押し込み戻すと消灯・格納される。左の黒いトグルスイッチは前面警光灯の点灯・点滅切り替えスイッチ

後席の警衛課員が前を向いて着座したまま後方を確認できるよう、ミラーを設置している。カメラの一脚を改造した伸縮可能なポールを固定、それに日産マイクロバス「シビリアン」のルームミラーを転用し取り付けている。フロアトンネル上にはUW110可搬型無線機を入れる「箱」を用意。前席背もたれ裏にはすぐに取り出せるよう小型の楯を積んで不測の事態に備えている

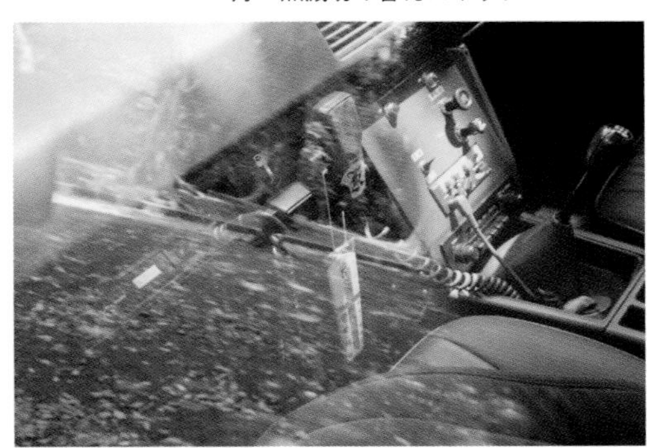

YPY30セドリックエスコートカー

1983年～1987年

前モデルの430に続き採用となったYPY30エスコートカー。交通覆面で採用されるほどに強力で信頼性の高い車体であり、ECとしても活躍した。今でこそECの多くは、警護対象車に近い車格かつ一般向けグレードをベースに改造した快適装備満載の車両が多いが、この当時はそういった考えはむしろ排斥する傾向にあったようで、防弾仕様もなかった。

愛知県警

国賓を乗せた貴賓車の先導として迎賓館を出発するYPY30の警護車。国家行事のために愛知県警から東京に派遣された車両だ。敷地を出る瞬間に反転灯を展開、沿道警備の警察官に警護対象車とわかりやすく示す意味合いもあるだろう。反転灯はブームで蓋を観音開きに展開するパトライト社製SKF-101LNB型。右リアフェンダーには基幹系や車列間の無線に使用できるエレメントを装着したラジオアンテナ偽装型の最終形F-1型ホイップアンテナを装備する

警視庁

警視庁の警護課EC。リア右に見えるのは、ラジオ用偽装アンテナの初代F型に短いエレメントを装着した移動警電用のアンテナ。左トランクリッドにはパーソナル無線アンテナ偽装型の基幹系用アンテナだ。モデル末期には後部オーナメントのCEDRICの文字が青い仕様のものが納入された。助手席窓枠には発売後間もない後部確認用ミラーAX-8の装着が見て取れる

信号の変わり目などで、警護車列全車の通過が困難と予想されると、このように警護員の出番となる。車列前後のECは赤色灯を点灯させ、広報をしつつ後席の警護員が窓から身を乗り出し、周辺へ注意と制止を促す。必要に応じてサイレンを鳴らして、車列は一団となって交差点を駆け抜けていくのだ。Cピラーのクォーターウィンドウ風の部分は、一般上位グレード向けのガラスのものとは異なり樹脂パーツの下位グレード向け廉価パーツとなっている

センターパネルの小物入れスペースを利用し、ナショナルブランドのサイレンアンプWF-112（または-111）が装着される。赤色灯関連のスイッチはシフト前の特装パネルにまとめて配置、操作と状態の判別がしやすいプルスイッチで、前面警光灯の点灯・点滅切り替えスイッチも設置されている。助手席前グローブボックスは無線機の設置スペース。その周囲は金属製のパネルで覆われマイクフックの取り付け相手も兼ねる。MPR-100型初代デジタル車載無線機が積まれている

Cedric

警視庁

警視庁のYPY30初期型警衛EC。前駆ECとして皇居半蔵門で御車列を待つ状況だ。警視庁の警護ECはほぼ全てが角目2灯式ヘッドライトであったが、こちらは丸目シールドビーム4灯式。これは資料によると、両仕様ともに選択が可能だったよう。納入時期的な違いではなく、最下位グレードと同じ意匠なことや識別などの理由から敢えて選択した可能性も考えられる。上級グレード用のフルホイールキャップを装着、助手席の警衛員用ミラーとしてAX-8の前身モデルAX-5（アクセスファイブ）が備わる

セドリックオープンカー

セドリックには、オープンカーもある。主に警衛用として天皇皇后両陛下をはじめとする警衛警護に従事するために導入されている。オープンカーなのは突発事案発生の際、即座に車両から飛び出し対応を行うためだ。かつては地方行幸啓などでも活躍していたが、平成に入り警備の簡素化を望む皇族方からのご要望などもあり、警護車などへバトンを引き継ぐことになった。現在は視閲式などでしかその姿を見ることはないが、地方によっては引退を余儀なくされた車両も多い。

大阪府警

大阪府警の430前期型のオープンカー。市販車の登場は1979年という年代物。2022年に１台が引退し、2023年に入り残りの１台も引退してしまった。部品を調達できなかったのが理由だという

兵庫県警

兵庫県警が保有する430セドリック後期型のオープンカー。2023年10月時点でも現役だが、エンジン始動に時間がかかる場面も。フォグランプの有無など微妙に仕様が異なる

京都府警

現在は引退してしまった京都府警の車両。なんとナンバーが「京88」である。撮影時、車内は非常にキレイに保たれていた。ボタン式でチャンネルを変更するラジオが時代を感じさせる。シフトレバーの前方に「赤色灯」「サイレン」のスイッチ類が備わる

警視庁

こちらは警視庁のもの。フロントウィンドウ中央上に備わる赤色灯は点灯・点滅の切り替えが可能だ

セドリック
幹部車・公用車

セドリックのなかには、幹部車や公用車として導入された車両も多数あった。ここでは、Y31、Y34の幹部車を取り上げる。いずれもブラックが多かったが、なかには白やシルバーも稀に見られた。またY31後期型には微妙な仕様違いが多数あった。

警察犬協会

レースのシートカバーが幹部車を思わせる中期型で、実際にセドリックにはこのような車両がよく見られた。しかしこの車両に限ってみると、リアトランクに「PD」マーク。どうやら警察犬協会（POLICE DOG）のクルマと思われる

警視庁

こちらはY30後期型。グリルやライトまわりのデザインが前期型とは大きく異なる。パワーウィンドウ装備車だ

警視庁

警視庁のY30前期型。警衛用オープンカーとして採用されていた。グレードはV30ブロアム。グリル内に前面警光灯が入っている

福岡県警

県費導入と思われる車両。Y30セドリックまでの堂々としたフォルムとは違い、少々平べったい印象となる。助手席側にはナビミラーを装着。ブロアムがベースとなっている

福岡県警

こちらは2000ccブロアムベースのもの。オープンカーではなく、キャンバストップとなる。2017年の視閲式を最後に上記のオープンカーと2台とも引退した

警視庁

警視庁に2004年頃に都費で導入されたもの。Y34の幹部車は全国的にも見られた。多くは250Lで少数だがグロリアも見られた

大阪府警

幹部用のY31後期型のクラシックSV。なにわナンバーだが大規模警備の際、隣府県にも展開していたので管区警察局の運用だった可能性もある

さらばセドリックパトカー

まだまだ使えるのに解体の運命が待つ

どんなパトカーもいずれ退役、そして解体の運命が待っている。

国費導入車の場合、基本的に耐用年数に達すると車両自体になんら問題がなくとも更新となり、各警察本部から解体業者に運ばれ、解体またはスクラップにされ、一生を終えることとなる。もちろん配置先によって走行距離の差は大きいが、基本的にそこは考慮されない。なかには、走行距離の均衡を取るため、本部内での配置転換を行っている例もあるようだ。

近年リース車などで一般市場に流れた車体も確認されてはいるがどれも覆面車ばかり。基本的には警察車両がそのまま一般市場に流れることはない。博物館などで展示されるような特別な事例を除けば、白黒の車体や赤色灯などは悪用される可能性があるため、外部へと流出させないのが基本である。右の写真の通り赤灯類や旭日章などは警察関係者の手によって外される。ものによってはハンマーを入れ再利用不可能な状態にされる。警察本部によっては、車体がパトカーとは判別できないよう、塗装を施したうえで解体業者に引き渡すところもあるほどだ。なかにはまだまだ使える車体も散見できるだけにもったいない話ではあるが、これが定められた運命なのである。

一日でも長く、セドリックパトカーが活躍することを祈りたい。

任を解かれ警察施設の一角に並べられた解体を待つ元パトカー達。ボディは黒く塗られてしまっている。まな板の鯉ともいえる状況だが、さながら墓場（墓地）に並ぶ墓標のようにも見える

ホコリや鳥のフンで汚れているが、まだまだ良好な状態に見える最終型の覆面パトカー。右の車両は、オートカバーが外されている

セドリックパトカー スーパーバイブル

本書の内容は2023年10月末取材時点のものです。

2023年11月21日　第1刷発行

編集●ベストカー編集部
発行者●出樋一親／髙橋明男
編集発行●株式会社 講談社ビーシー
〒112-0013　東京都文京区音羽1-2-2
電話03-3943-6559（編集）
発売発行●株式会社 講談社
〒112-8001　東京都文京区音羽2-12-21
電話03-5395-4415（販売）
印刷所●株式会社KPSプロダクツ
製本所●株式会社 国宝社

KODANSHA

STAFF

○**編集・制作**
ベストカー編集部
○**ライター**
有村拓真　大塚正諭　倉田和弥
○**Photo**
有村拓真　大塚正諭　倉田和弥　nittukyo
世界びっくりカーチェイス2（mst-hide）
○**編集協力**
旭商会
○**校正**
鷗来堂
○**本文デザイン**
株式会社 光雅
○**表紙デザイン**
横田和巳（株式会社 光雅）
○**編集担当**
坂本貴志（講談社ビーシー）

ISBN978-4-06-533470-6
※定価はカバーに表示してあります。